设计公开课

室内设计
风格定位速查图解

刘 星 等编著

U0350188

机械工业出版社
CHINA MACHINE PRESS

本书以图解文字的形式对室内设计中将会运用到的各类风格做了一个具体描述，包括风格源起、风格特色、风格设计元素、风格设计方法以及风格设计注意事项等，文中还配有图解小贴士，更大程度地拓展了知识面。本书配图清晰，既是学习的资料，也可将其作为家居设计指导，同时也是室内设计专业以及室内装修从业人员学习设计风格流派的教学指导性书籍，可供设计师与高等院校设计专业学生使用。对于即将要装修，但却纠结于不知选择何种风格的广大公众也有很大的帮助。

图书在版编目（CIP）数据

室内设计风格定位速查图解 / 刘星等编著. —北京：机械工业出版社，2018.12
　（设计公开课）
　ISBN 978-7-111-61859-1

Ⅰ.①室… Ⅱ.①刘… Ⅲ.①室内装饰设计—图解 Ⅳ.①TU238.2-64

中国版本图书馆CIP数据核字（2019）第012820号

机械工业出版社（北京市百万庄大街22号　邮政编码100037）
策划编辑：宋晓磊　责任编辑：宋晓磊　范秋涛
责任校对：张晓蓉　封面设计：鞠　杨
责任印制：张　博
北京东方宝隆印刷有限公司印刷
2019年5月第1版第1次印刷
184mm×260mm·13.5印张·328千字
标准书号：ISBN 978-7-111-61859-1
定价：69.00元

凡购本书，如有缺页、倒页、脱页，由本社发行部调换
电话服务　　　　　　　　　　网络服务
服务咨询热线：010-88361066　机 工 官 网：www.cmpbook.com
读者购书热线：010-68326294　机 工 官 博：weibo.com/cmp1952
　　　　　　　　　　　　　　　金 书 网：www.golden-book.com
封面无防伪标均为盗版　　　教育服务网：www.cmpedu.com

前　言

　　装修风格也称设计风格，是建筑装修的整体特点。因每个人的喜好不尽相同，重口难调，因而衍生出了不同特色的设计风格。这些风格因其所处环境，所处时代的不同，各有各的特色，独具魅力。装修风格的确立也能让设计师更容易把握设计的立足点，让业主更容易表达出对所需的装修效果的一种需求。

　　随着时代的进步，人们对居住空间的要求越来越全面。室内设计风格不仅仅只体现在硬装上，同时也表现在软装配饰上，对于室内空间中各类家具、灯具、厨具等的选择也更具多元化，所有的家居配饰也都必须符合风格特色。

　　设计风格是科学，也是艺术。建筑物内部特别依赖设计风格，设计风格可以很好地将居住者的生活品位以及个人喜好清楚、明白地展现在大众面前，并提供使用者创新与自由发挥的空间，只要设计的宗旨不离开设计主题，设计所选用的材质符合设计要求即可。恰当的设计风格能够更好地表现设计，也能更大程度地深化家居魅力。

　　很多设计人员及本专业的学生都非常渴望掌握室内设计风格的特色与设计方法，而市场上大部分书籍虽然对室内设计风格的历史有所讲述，但并不是十分全面，也没有多角度的讲解室内设计风格的设计方法、设计要点以及设

计注意事项等，更没有配备相应的案例或图片，因此不能很好地激发大家的学习欲望，对大家的设计思维也不能起到有效的推动作用。

　　针对市面上已有书籍的不足，我们编写了《室内设计风格定位速查图解》。本书主要讲述了现代主义风格、后现代主义风格、混搭风格、工业风格、日式风格、韩式风格、我国港台地区风格、东南亚风格、地中海风格、英式田园风格、法式田园风格、美式乡村风格、中式古典风格、新中式风格、欧式古典风格、新古典风格、简欧风格以及北欧风格的具体内容，并配以大量高清图片和详细的图解文字，系统全面，图文并茂，兼顾专业与普及两个方面。针对大专院校的学生群体巨大的市场需求，本书可以作为环境艺术专业基础课的教材使用，也可以作为专业课程教材使用。

　　参与本书编写的同事、同仁如下，在此表示感谢：黄溜、钟羽晴、朱梦雪、祝丹、邹静、柯玲玲、张欣、赵梦、刘雯、郑天天、李文琪、李艳秋、刘岚、邵娜、郑雅慧、金露、桑永亮、权春艳、吕菲、蒋林、付洁、邓贵艳、陈伟冬、曾令杰、鲍莹、安诗诗、张泽安、汤留泉。

编者

目 录

第1章
风格的延续与创新

识读难度：★★★☆☆

核心概念：现代主义风格、后现代主义风格、
混搭风格、工业风格

章节导读：

　　不同的风格有着不同的个性魅力。但不可否认的是，在装修设计的风格流派这一层面，其实存在着很多共同点，所有的风格都旨在装饰整个建筑空间，设计特色也都与风格的起源地和起源时期有所关联。从现代主义风格到后现代主义风格，延续的是不变的设计热情，创新的是设计理念。从时代的历史长河中演变而来的极简主义风格、混搭风格以及工业风格都带有浓厚的时代特色，简单而又兼具时尚感。这些不同特色的设计风格深刻地影响着建筑空间，同时也给人们的生活增添了不少光彩。

1.1　现代主义风格

　　现代主义风格是工业社会的产物，它也被称之为功能主义，设计主要提倡突破传统，创造革新。现代主义起源于1919年的包豪斯学派，包豪斯孕育了众多的设计名家，现代主义风格也在此有了飞速的发展。

→路德维希·密斯·凡德罗（1886~1969），是德国建筑师，也是最著名的现代主义建筑大师之一，他采用对称、正面描绘以及侧面描绘等方法对公共建筑和博物馆等建筑进行设计；而对于居民住宅等，则主要选用不对称、流动性以及连锁等方法进行设计，他所提倡的"少就是多"的设计理念影响甚广。

1.现代风格

（1）源起

　　现代风格一度被称之为包豪斯风格，但实际上这种说法太显片面，包豪斯是一种思想潮流，在当时那个年代背景下，并不能被称为完整意义上的风格，可以说现代风格基本是在包豪斯学派中衍生而来的。包豪斯学派源起于德国威玛成立的一所工艺美术学校，这所学校名为包豪斯，该校创办人以及首任校长，是著名德国现代主义建筑大师格罗皮乌斯，现代风格的发展与格罗皮乌斯也有很大的关系。

↑包豪斯校舍是格罗皮乌斯亲自设计，按照建筑的实用功能，充分利用了现代建筑材料和结构的特性，将其展现在世人面前。

↑具备包豪斯学派特色的建筑主打简洁风，充满了现代风格特点，少的是色彩，多的是构成元素的应用。

包豪斯注重理论与实践的综合教学，通过一系列理性、严谨的视觉训练程序，引导学生开启新的观察世界的方式。同时开设印刷、玻璃绘画、金属、家具细木、织造、摄影、壁画、舞台、书籍装订、陶艺、建筑、策展等不同专业的工作坊，培养学生的实际操作能力。这种教学方式，使得包豪斯的学生们不仅理论知识非常扎实，同时实践能力也相当不错，在设计过程中也不会有太多的空想主义。

格罗皮乌斯为包豪斯亲自设计的校舍也因其简洁、清新、朴实以及颇富动感的建筑艺术形象成为后来形成的"包豪斯"建筑风格的"开山鼻祖"，这是现代主义建筑的典例，更是现代建筑史上的一个里程碑。

包豪斯学派所提出的艺术与技术的新统一；设计的目的是人而不是产品；以及设计必须遵循自然与客观的法则来进行的观点对于现代主义风格的发展也都起到了积极的作用。

现代起源

第1章 风格的延续与创新

第2章 地域与风格的碰撞

第3章 设计与自然相融

第4章 新与旧的交锋

第5章 风格与生活的结合

↑包豪斯校舍大面积地使用了玻璃幕墙，在视觉上造成了一种虚与实的交错感，并有效展现出了轻薄与厚重的对比，使得整体设计更显生动，设计特色也更明显。这种手法也成为现代风格主张的设计手法之一。

↑包豪斯校舍同时还设计有两层的过街楼，用于连接包豪斯与其他区域。上层是建筑部门和格罗皮乌斯的办公室，下层是包豪斯的管理用房，可见，现代风格对于设计的功能性同样重视。

←包豪斯学生宿舍阳台的设计同样以简洁为主，外墙涂白区域与阳台旁的绿荫刚好形成色彩上的搭配，同时全景玻璃的运用，也使得整体阳台更具有生活魅力。

（2）风格特点

现代风格颇具时代特色，在设计中非常重视功能性和空间的实用性以及灵活性，在设计中讲究综合运用材料自身的质地和色彩特点，崇尚简洁的造型设计，注重创造革新，不需要繁琐的装潢和过多家具，在装饰与布置中也能够完美地体现空间与家具的整体协调性。

1）注重少就是多的装饰原则。由路德维希·密斯·凡德罗提出的"少就是多"的装饰美学原则对现代风格影响颇深，原则中指出简洁、明了的设计特点能够使整体空间更具立体感。现代风格摒弃了原有的多余的附加装饰，以三大构成为基础来进行设计，在追求简单的空间特性的同时，也注重空间色彩以及空间形体变化的挖掘。

2）注重功能性和实用性。现代风格终将作用于室内空间，而室内空间是根据彼此空间之间的功能关系组合而成的。当空间的功能性和实用性得到充分运用，那么空间划分也将不再局限于硬质墙体，各种类型和特色的装饰材料以及色彩设计也能为现代风格的室内效果提供充足的空间背景。

实用
风格

→现代风格更多地会通过家具、顶棚、地面材料、陈列品甚至光线的变化来表达不同功能空间的划分，这种划分可以随着时间的不同而表现出充分的灵活性、兼容性和流动性。

←整体空间色调以白色为主，灰色系为辅，简单的色彩搭配更显空间大气，地面材料上的抽象图案丰富了空间的形式感，有趣又兼具现代艺术特色。

图解小贴士

现代风格充分运用了材料的质感与性能，注重环保与材质之间的和谐与互补，在设计中合理地将新技术与新材料相结合，在人与空间的组合中反映出流行与时尚才更能够代表多变的现代生活。

（3）设计手法

现代风格强调室内空间装修设计要从建筑设计层面出发，所有的设计要能对城市规划、环境建设、家具陈设等产生良好的影响，现代风格同时也是一场对先前设计表现形式的革命与运动，在彰显个性的同时也能对室内空间进行塑造，创造一个崭新的空间。

设计逻辑

1）**遵从功能空间的逻辑关系**。逻辑在一定程度上代表着严谨，现代风格更多地会注重会客、餐饮、学习、睡眠等功能空间之间的逻辑关系，即设计一条畅通且简便的行走动线，各功能空间之间自然分区，既分散却又不凌乱。但必须要注意的是，遵从功能空间的逻辑关系并不代表着死板，这并不是现代风格所要宣扬的设计理念。

2）**合理运用跳色**。现代风格在设计中经常会用到棕色系，例如浅茶色、棕色、象牙色等；灰色系也偶尔会用到，例如白色、灰色、黑色等中间色，使用频率最高的当属白色无疑。倘若大面积地使用同一种色彩，未免会显得空间枯燥无味，现代风格在用色这一块就很好地避免了这一尴尬局面。在实际设计中，现代风格倡导运用合理的跳色来丰富个性化空间，而高纯度色彩的合理运用更能装饰室内空间，也会给人一种不受拘束的自由感，引人共鸣。

←不同的色彩运用所展现出来的个性魅力也不一样，白色尤其能表现出现代风格的简单，而黑色、银色以及灰色则能很好地展现出现代风格的明快与冷调。

→家具材料本身的色彩如果运用得当也是很好的跳色，与整体空间的主色调搭配，相辅相成，既能凸显现代风格魅力，色彩也不会显得太过混杂无章。

🏛 **图解**小贴士

现代家居风格的材料搭配原则

现代风格的家居在选材上不再局限于石材、木材、面砖等天然材料，更多的开始运用新型的材料，尤其是不锈钢、铝塑板或合金材料，将其作为室内装饰及家具设计的主要材料，同时对于玻璃、塑胶以及强化纤维等高科技材质的运用频率也逐渐增高。

3）**多层次地进行设计**。现代风格重视个性和创造性的表现，即不主张追求高档豪华，重点在于表现区别于其他空间的元素，个性化的功能空间可以完全依据用户的个人喜好来进行设计，从而表现出与众不同的视觉效果。在进行设计时，现代风格崇尚多角度、多方面地展现元素特色，从宏观到微观，从不同的功能空间到不同的软装配色，每一层面都要能展现出现代风格的特色与魅力。

4）**遵循美学基础**。美学基础可以说是所有风格都要遵循的一点，现代风格在此基础上还要注重简洁性和实用性。现代风格强调形式服从功能，即一切从实用角度出发，而由于线条简单、装饰元素少，现代风格要想大放光彩，必须配上合适的软装，那才算是相得益彰。而在和软装进行搭配的同时，也不能丢弃了现代风格原有的简洁特色，有时简单的线条与简单的家具反而能搭配出别具一格的效果。

←要从宏观上展现出现代风格的魅力，首先整体空间的色彩格调就必须一致，要以合适的主色调为主，适当的跳色为辅，从材料的陈设到材料的质感，整体上都必须轻重有序，搭配合理。

→从微观上展示现代风格的特色，首先各类家具要选择造型简单的，色彩以单一色为主，可以有适量的跳色，但要注意好色彩的搭配，其次是室内的配饰，大到窗帘小到装饰画等都要具有现代风格特色。

←几幅简单的风景画和饰品能让整幅墙面变得更为生动，搭配上几株生机盎然的绿色植物与色彩斑斓的花束，空间的自然感和观赏性就显得更为强烈了。

造型灯带

具备时尚感的家电

金属落地灯

皮质单人沙发

白色卷帘

绿植盆栽

灰色系地毯

造型简单的玻璃茶几

布艺抱枕

对比色抱枕

2.极简主义风格

（1）源起

极简主义风格缘自西方20世纪60年代兴起的"现代艺术运动"，它也被称为现代简约风格，同属于现代主义风格，受包豪斯学派影响颇深。极简主义风格主要运用新材料、新技术，旨在建造一个适应现代生活的室内环境，以简洁明快为主要设计特点，主张废弃多余的、繁琐的附加装饰，在色彩和造型上追随流行时尚，对于室内空间的使用效能以及室内功能区分颇为重视。

（2）风格特点

1）具备时尚特色。事业的压力、繁琐的应酬让新新人类急需一个可以舒缓身心的环境，极简主义风格所具备的时尚特色不仅能够满足新新人类的审美需求，设计中不拘小节、没有束缚，让自由不受承重墙限制的特色也成为公众选择极简主义的原因之一。

2）浪漫简约。浪漫、简约在极简主义风格中主要表现在强调力度、锋芒的对比，即使是在简单之中也充满浪漫的小资情调，这种风格特色也更符合都市人们的生活追求。浪漫能够给极简主义带来温馨、舒适的情调，而简约则能将没有实用价值的部件儿舍弃，这种断舍离不仅扩大了空间感，同时也减少了不必要的花销。

↑简洁的室内日用品、家具、灯饰等都能很好地展现极简主义风格的魅力。具备简洁造型的艺术灯具不仅能够兼具浪漫感，调节室内氛围，同时也能更好地舒缓压力。

←时尚感可以从材料的质感来表现，而这对于极简主义风格来说也相当重要，例如，金属质感的家具能够带来科技感，给人一种时尚前端的视觉效果。在选择家具的材料方面，一定要择优而选，再三斟酌。

3）**清新自然**。具备清新自然特色的极简主义风格能够让繁杂的都市生活更轻松纯粹，在自然感的体现上，极简主义风格更崇尚运用自然的元素来装饰室内空间。例如窗边的绿植或者是背景墙上的一抹涂鸦都可以为室内空间增彩不少。在色彩的选择上，极简主义风格通常会选用比较纯净的暖色或者冷调的白色，当这类色彩与自然色相搭配时，也会令人眼前一亮。

←白墙与绿植的搭配，首先在视觉上就有一个强烈的对比感，绿色本身就能舒缓外界给予人眼的压力，绿植也能带给人充足的清新感，而白色和绿色的合理分配也显得整体空间比较自然。

4）**具备功能性**。和现代风格一样，极简主义风格同样强调功能性设计，讲求线条简约流畅，色彩对比强烈。在保证基本的美观性的基础上，极简主义风格的功能性特色体现在不同的功能分区中，例如客厅要具备一定的休息功能和观赏功能，厨房在具备防污功能的同时不能选择太过于深沉的色调。在这种情况下，为了使功能性得到充分的发挥，就需要在家具以及各类硬装材料上下手了。

5）**具备创意性**。创意性是极简主义风格大受欢迎的原因之一，对于追求极简生活的品质人群、忙于工作的高级白领以及单身贵族等而言，是非常适用的一种风格。线条简单、设计独特甚至是极富创意和个性的饰品通常是极简主义风格选择的对象，同时这些颇具创意性的家具和饰品造型也不会太过复杂。

极简主义风格也会大量地使用钢化玻璃以及不锈钢等新型材料来作为辅材，这种装饰手法也会给人一种前卫、不受拘束的感觉。

→创意意味着敢于打破传统，这也符合时下公众的普遍心理。极简主义风格的创意性不是完全摒弃传统特色，而是扬长避短，运用新科技、新理念来对室内空间进行新的装饰，在饰品方面或者陈设方面都与以往有所不同。

（3）设计手法

1）于生活中启发灵感。设计来源于生活，但必定高于生活，所有的优秀设计都离不开设计师对于生活的细致观察与推敲，而要用简约的手法进行室内创造，就更需要设计师具有较高的设计素养与实践经验，需要设计师深入生活、反复思考、精心提炼。极简主义风格最难之处在于如何更好地删繁就简，去伪存真，以色彩的高度凝练和造型的极度简洁，在满足功能需要的前提下，将空间、人及物进行合理精致的组合，运用最少的设计语言，表达出最深的设计内涵。

2）从细节处出发。细节决定成败，极简主义风格要能展现得当自然离不开在设计上的细节把握。室内空间的每一处都要经过反复推敲，要考虑到在此处运用此种元素，是否会稍显繁琐，与极简主义风格的主张相悖。

3）善用对比。对比是极简主义风格中常用的设计方式，讲求将两种不同的物件、形体以及色彩等做比照。在设计中，会通过将两个明显对立的元素放在同一空间中，经过合理的设计，使其既对立又和谐，既矛盾又统一，在强烈反差中获得鲜明对比，以达到互补的效果。例如将方与圆、新与旧、大与小、黑与白、深与浅、粗与细等来做对比。极简主义风格还主张运用流行色来装饰空间，与时俱进。此外，选择浅色系的家具，使用白色、灰色、蓝色、棕色等自然色彩，结合自然主义的主题，设计灵活的多功能家居空间，也是极简主义风格常用的手法。

激发
灵感

←不同大小的图案对比也是极简主义风格会运用到的手法，大幅却不繁杂的图案会给人一种大气感，而小巧又充满创意的小件图案也会给整体空间增添时尚感。不同形状和高低的家具如果运用得当，也会成为完善极简主义风格的得力助手。

→色彩的对比在于浓度、配比度以及冷暖性等的对比上，大面积的纯色搭配上小面积的对比色，不仅可以突出风格特点，也不会显得突兀。冷色调和暖色调的合理搭配也使得空间的层次感更丰富，格调更浪漫，也比较符合极简主义风格的特点。

（4）色彩搭配

　　简约的装修方式已经成为了家装潮流，不仅仅是因为价格上的实惠，更多的是因为极简主义风格能够更多地满足公众的需求，简单、随意、时尚，融合现代元素的设计特色，使室内空间展现出了不一样的舒适性，也更符合当今快节奏的都市生活。

→轻快色系所选用的色彩对比不会太过强烈，整体色调以表现轻快的情绪为主。例如，若中心色为黄色、橙色，则可以选择橙色地毯，窗帘、床罩用黄白印花布；若沙发、顶棚用灰色调，则可以搭配一些绿色植物为衬托，使居室充满惬意、轻松的气氛。

←硬朗色系讲究的是颜色的强烈对比，一般会选用红色与蓝白色的对比，或者黑色与白色的对比，一般来说黑白对比的使用频率较高。例如，沙发选用黑色，家具以白色为主，墙和顶棚也以白色为主，这样就可以避免对比强烈而显得刺眼。

←典雅色系能够表现空间的高贵感，这在极简主义风格中的运用不是非常频繁，色彩一般选择具备高雅气质的紫色或者淡茶色。例如，中心色为粉色，那么地板可以选择淡茶色，墙面则选择奶白色。

→轻柔色系的色彩对比最为清淡，主要表现极简主义风格浪漫的特点。例如地毯、灯罩、窗帘用红加白色调，家具则可以选择白色，房间局部再点缀些淡蓝色，空间的浪漫气氛也会变得更加浓烈。

（5）注意事项

极简主义风格强调的是"时尚、实用"的家居设计理念，但这并不意味着装修就只要简单就可以，极简主义风格是经过长期实践，经过深思熟虑之后创新得出的设计思路的延展，不是纯粹地堆砌和随意地摆放。

1）**硬装和软装要互相匹配。**极简主义风格表明简约仅仅只是说硬装的简单，同时还反映在家居配饰上的简约，家居内所有家具、配饰等的体积大小一定是要和室内空间容积相匹配的，既要显得空间利用合理，又不能显得太过空泛。

2）**家具配色要舒适。**家具是室内家居环境中的主体，极简主义风格强调在家具配色上，以淡色系的家具为主，与之搭配的饰品在色彩上要能与之相互呼应。例如，白色家具可以搭配黑色的小饰品，既能中和大面积白色带来的空泛感，同时也能丰富色彩的层次感，使极简主义风格的特色更突出。

3）**设计要以务实为主。**极简主义风格所倡导的简约必定是要从务实层面出发的，在设计时一定不要盲目跟风而不考虑其他的因素，所设计的内容一定要符合住宅空间的实际情况，不能只从字面意义上来理解极简主义风格。同时极简主义风格同时也体现了现代的消费观，即注重生活品位、注重健康时尚、注重合理节约以及科学消费，在设计时也要表现出这一点。

←在家具选择时，建议选择需求性较高的家具，且建议以不占面积，可以折叠，具备多种功能等的家具为主。这种家具也比较符合极简主义风格的简约特色。

→白亮光系列的家具由于色感比较强，在视觉上首先就比较突出，白亮光系列的家具所具有的独特的光泽也会使家具倍感时尚，同时也会使室内空间具有舒适与美观共存的享受。

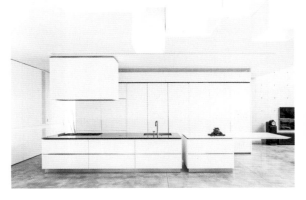

（6）各空间设计特色

极简主义风格的特色在室内各空间中都有具体的体现，无论是客厅、餐厅、厨房、卧室还是浴室等区域，在其家具配色、硬装陈设等方面都无一不展现着极简主义风格的魅力。

1）**客厅**。极简主义风格的客厅主色调为中性色彩，通常墙面的色彩会选择白色或者浅灰色调，在局部区域可能会运用到其他色彩来与大面积的白色进行中和，以此达到更好的视觉效果。客厅家具的色彩基本会选择中性色或者与墙面色彩相近或相互补的色调，家具的材质与墙面壁纸的材质也会有一个呼应，以此达到整体上的统一感。

←客厅的沙发可以选择皮革材质的，色彩可以选择中性色。皮革可以让空间丰富起来，有肌理的中性色能够让僵硬的表面柔和起来，同时也能让客厅看起来更加温暖和亲切，在简约中也能不失时尚感。

2）**餐厅**。极简主义风格的餐厅基本已经与客厅和厨房融为一体，通常只是通过顶棚或者小面积的屏风隔断来将客厅和厨房分隔开来。而为了凸显餐厅同时又不破坏空间的统一感，一般会选择别具一格的餐桌椅、吊灯以及合适的艺术品来丰富用餐环境。

3）**厨房**。极简主义风格的厨房大多数都会选择开放式或者半开放式，橱柜常用喷漆工艺，台面材料通常会选择带有自然纹理的花岗石、不锈钢或者是层压材料，这类材料比较自然；地面材料主要选择磨光石材、硬木地板或者是竹木地板。极简主义风格的厨房讲求高效的工作效率，灶具布局要求简明、实用，厨房内的行走动线也要十分流畅。

←餐厅所选餐桌餐椅的色调要与客厅的家具色调相统一，同时选择的吊灯要以造型简单的艺术吊灯为主。桌面配备的艺术品也不宜太过繁杂，适量即可，艺术品的体积也要控制好，以免过大而显得餐厅过于沉重。

极简卧室

4）卧室。极简主义风格的卧室空间非常简单、整洁和舒适，一般会选择纯色系的床具，例如黑色、白色等。床具也不会有多余的靠枕或者靠垫，卧室内饰品和装饰物也较少，整体十分整洁干净。在台灯的选择上，通常会选择具备时尚感、可调光的多功能台灯，一方面能够增强空间的现代感，另一方面也能创造一个良好的休憩环境。

5）浴室。极简主义风格的浴室一般会由几何形的点-线-面-体组合、穿插而成，包括几何形的洁具和水龙头。浴室所选的材质表面均有光滑、洁白的特征，搭配上软质的浴帘、毛巾和小块地毯等，整体会十分平衡。在浴室空间内可以摒弃没有必要和琐碎的物品，来凸显简洁素雅的氛围。

←卧室所选的简洁、低矮的床具不仅可以增加空间感，同时也能让视觉通畅，没有障碍。床头搭配具有独特造型的台灯，也能成为整个卧室空间的视觉焦点，与床头上方的抽象艺术画相得益彰。

白色哑光材质的坐便器，时尚气息扑面而来，各居其位的浴具使得浴室更显整洁与简约。

浅色系的瓷砖会给人一种清新、自然的感觉，浴室氛围也会比较和谐。

毛巾杆、挂钩等小件物品不仅可以有效地节约空间，同时也能使整个浴室格局更简单。

浴室墙面色彩以中性色彩为主，蓝、红等色调为辅，色彩丰富，兼具美观性的同时也不会太显冗杂。

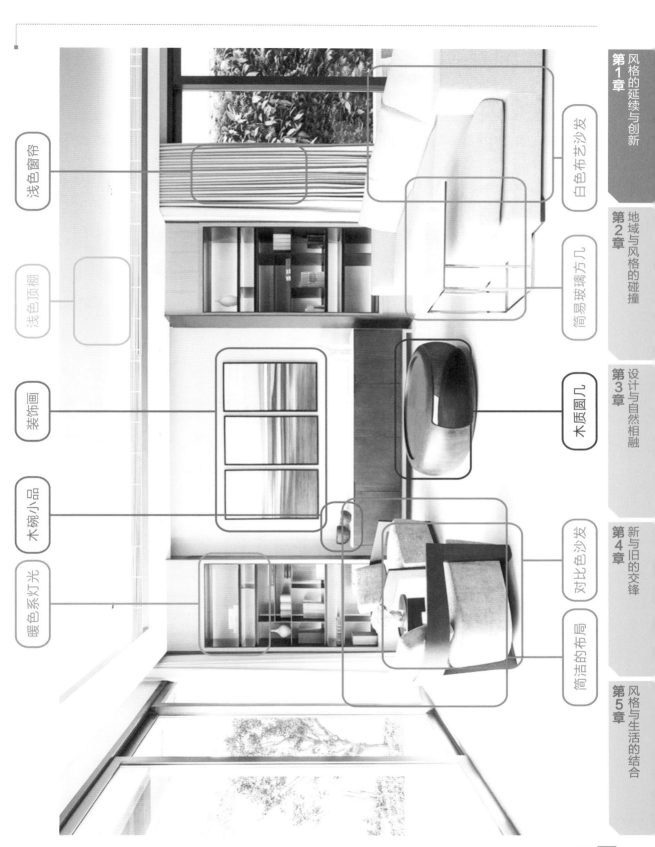

浅色窗帘

浅色顶棚

装饰画

木碗小品

暖色系灯光

白色布艺沙发

简易玻璃方几

木质圆几

对比色沙发

简洁的布局

1.2 后现代主义风格

后现代主义风格是现在比较流行的一种风格，该风格追求时尚与潮流，非常注重室内空间的布局与使用功能的完美结合。后现代主义风格主张继承传统文化，在怀旧思潮的影响下，后现代风格追求现代化潮流的同时，更将传统的典雅和现代的新颖完美融合，创造出了融合时尚与典雅的大众设计。

→罗伯特·文丘里是美国著名的建筑师，他曾在《建筑的矛盾性和复杂性》中提出一系列与现代主义针锋相对的观点。他倡导复杂和有活力的建筑，提倡兼容并蓄，推崇具有讽喻性、象征性、装饰性、民族性以及公众趣味和鲜明的个性等丰富多彩、兼容并包的设计形式。

1.源起

后现代主义一词最早出现在西班牙作家德·奥尼斯1934年出版的《西班牙与西班牙语类诗选》一书中，主要用来描述现代主义内部发生的乱斗，特别有一种现代主义纯理性的逆反心理。后现代主义的概念至今没有一个确切的定义，因此不确定性是后现代主义的根本特征之一，这一概念同样也具有多重含义。

后现代装修风格始于20世纪90年代中期，在当时的年代，家居的设计思想得到了很大的解放，人们开始追求各种各样的设计方式。后现代主义风格强调形态的隐喻、符号和文化、历史的装饰主义；主张新旧融合、兼容并蓄的折中主义立场，这种设计方式有点偏于中庸之道，既夸张又含蓄，同时又十分重视强化设计手段的含糊性和戏谑性。后现代主义风格作为一种设计潮流，将现代主义苍白的千篇一律用浪漫主义、个人主义替代，在推崇自然、高雅的生活情趣中，更加强调人性化的主导地位，以此突出设计的文化内涵。

图解小贴士

后现代主义的发展

后现代主义源自现代主义但又与现代主义不同，后现代主义是对现代化过程中出现的剥夺人的主体性、整体性、中心性以及同一性等思维方式的批判与解构，代表人物主要有美国的理查德·罗蒂（1931～2007）、法国的雅克·德里达（1930～2004）等。后现代主义最初是20世纪70年代后被神学家和社会学家开始经常使用的一个词，起初出现于二三十年代，用于表达"要有必要意识到思想和行动需超越启蒙时代的范畴"，后现代主义认为对给定的一个文本、表征和符号有无限多层面的解释和可能性。

2.风格特点

（1）夸张、变形、符号化

后现代主义风格通常会带有夸张、变形或者符号化的图案，并以此来对现代主义进行反讽。后现代主义风格在室内设计作品中会运用到众多隐喻性的视觉符号，这些特殊性的符号强调了历史性和文化性，肯定了装饰对于视觉的象征作用。

 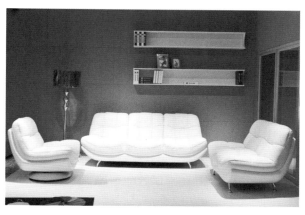

↑后现代主义风格会运用一些比较夸张的设计手段来吸引追求不同美的公众，所运用的图案无论是从样式还是色彩方面都会比较大胆，但这些夸张的图案都只在一小部分，而不会大面积地使用。

↑符合人体曲线的沙发拥有其他类型沙发所不具有的曲张美，它能给公众带来舒适感、时尚感和自由感。这种类型的沙发在形态上有所改变，打破了以往的历史局限，使其更符合当今公众的生活需求。

（2）设计具有历史延续性

后现代主义风格强调建筑及室内设计应该具有历史的延续性，但又不拘泥于传统的逻辑思维方式，敢于探索新的设计手法，讲究人情味。通常会在室内设置夸张、变形的柱式或将古典构件的抽象形式以新的手法组合在一起，赋予其新的含义。后现代主义风格同时还主张以新代旧，去短留长，将历史遗留的优秀元素重新定义，并放宽眼界，将其与新的思想、新的设计理念相融合，在延续历史的同时，也能有所创新。

→后现代主义风格更多的会运用新材料、新的施工方式以及新的结构构造方法来将古典建筑中具有代表性的、有意义的东西重新创造，从而形成一种新的设计语言与设计理念。

（3）注重人性化和自由化

后现代主义风格在极为简约的构造形体中强调人性化，细致研究设计对象中的人体工程学，尤其是尺寸设定，要求完全满足人在生活、工作中的需求。同时注重建筑、家具、室内外各种形体的多功能用途，时刻能改变使用功能，能让使用者随心所欲地变更使用方式。

（4）注重个性和文化内涵

后现代主义风格秉承着以人为本的设计原则，会更重视个性化发展和内部文化涵养的重塑。作为一种设计潮流，后现代主义风格通过对色彩、图案以及软装陈设等方面的个性化设计博得了公众的喜爱，设计更加注重通过不同界面的造型设计来体现后现代主义风格的文化内涵。

（5）注重历史与现代技术的融合

后现代主义风格主张继承传统文化，但同时也强调要将传统的高雅元素和现代的时尚元素相互融合，要摒弃传统元素中冗杂的部分，选择符合时代发展潮流的一部分，将其融入到现代科技中，使后现代主义风格不仅具备新时代的科技感，同时也拥有大气感。

**个性
内涵**

←注重个性造就了后现代主义风格的多样化，从形式上，主要偏向于选择带有个性色彩与特征的设计图案，这种形式也使得后现代主义风格更具有识别性。

→将传统元素中的图案融入到现代家具中，不仅能增强空间的厚重感，同时也能丰富空间的形式感。在后现代主义风格中常常会将新科技与传统优秀元素结合，并衍生出具有古今特色的作品。

图解 小贴士

后现代主义风格区别于现代主义风格的最主要的一点是后现代主义风格采用了非传统的混合、叠加等设计手段，以复杂性和矛盾性区别于现代主义风格的简洁性、单一性，在艺术风格上，也更注重于主张多元化的统一。

3.设计手法

（1）合理运用线条

后现代主义风格主要运用曲线和非对称线条来装饰室内空间，但要注意任何线条的曲张都应有一定的限度，不可无限地延伸。通常会使用花梗、花蕾、葡萄藤、昆虫翅膀以及自然界各种优美、波状的形体图案等来装饰室内空间中的不同界面，同时还会大量使用铁制构件，玻璃、瓷砖等新工艺产品以及铁艺制品、陶艺制品等综合运用于室内。

→瓷砖、玻璃等新工艺产品与铁制、陶制艺术品综合运用于室内时要注意室内外之间的色彩沟通，要以营造一个良好的装饰环境为目的。

←自然界的形体图案运用于墙面、栏杆以及家具等装饰上时，空间的立体感会更强，富有韵律感与节奏感的图案使得空间形式更丰富。

（2）合理运用夸张的设计手法

后现代主义风格带有夸张、变形以及符号化的特点，在进行设计时，合理运用夸张的设计手法，往往会得到意想不到的视觉效果。设计必须摒弃以往的刻板印象，不能千篇一律，过于死板，也不能太过夸张，过于抽象化，要依据室内空间的内部构造以及使用者的个性、习惯、喜好等来综合设计。可以通过硬装时所选的色彩、材质以及软装所选的家具、装饰品等来综合设计，在以人为本的设计原则基础之上，最大限度地展现出后现代主义装饰风格的魅力。

←色彩鲜艳的图案可以小面积地运用于各界面中，既能很好地中和空间内的其他主色调，也能有所对比，突出后现代主义风格的符号化特征。

（3）设计融入想象和情感

后现代主义风格主张设计要融入情感与想象，这不仅仅使设计充满诗意，同时也丰富了后现代主义风格的内涵。彼得·多默在《1945年以来的设计》中曾说"我们对产品的选择受到我们记忆和联想以及我们的愿望和我们朋友的影响，也受到我们在电视和博物馆中所看到的东西的影响"，设计需要具备一定的亲和力，同时要满足以人为本的要求，必定是要在设计中充分想象，带入其中。

（4）从仪式感上出发

强化后现代主义风格的仪式化特征，主要是针对过分强调功能，而使生活变成了一种机器运转般毫无感情色彩的动作。因此，在后现代主义风格中，房子不仅是用来居住的，就好比吃饭不仅仅是一个吞咽的过程，更需要一种享受的气氛，环境、餐具等都是其中的一部分，它让我们感受过程、感受存在的意义以及人与物的交流、对话。后现代主义风格不仅仅只是为了更好地运用空间才去设计，而是在此基础上寻找自我的象征性，从而使设计更具个性化。

←设计并不只是解决功能问题，还应该考虑到人的情感问题，仓右四郎设计的名为"HOW HIGH THE MOON" 的金属沙发，镂空的金属框架在灯光的映衬下显得格外明媚，让人不禁联想到皎洁的明月。

→丰富的图案形式会使得空间更具有仪式感，灯光、家具、色彩等都会对仪式感的呈现产生影响，合理地将这些元素进行搭配，把控好这些元素在空间中的比例，能够使后现代主义风格的个性特征更突出。

图解小贴士

后现代主义产生于20世纪60年代，在20世纪80年代达到鼎盛，是西方学术界的热点和主流，同时也是对西方现代社会的批判与反思。

线条简单的窗帘

装饰拉手

艺术吊灯

金属背景墙

玻璃背景墙

亮丽的蓝色沙发

工艺品

仪式化的餐厅

图案化的地毯

陶瓷艺术品

1.3　混搭风格

　　混搭风格糅合了东西方的美学精华元素，将古今文化内涵完美地结合于一体，充分利用空间形式与材料，创造出了个性化的家居环境，但却并不是简简单单地把各种风格的元素放在一起做加法，而是把它们有序地组合在一起。混搭风格是一种将不同价格、不同材质、不同风格的物件混合搭配，并根据个人的喜好私人定制的具有个性化的装修风格，它能很好地满足现今快节奏下公众的个性化需求，也能很好地符合公众随意的生活态度。

1.风格特点

（1）随意性

　　混搭风格结合和凝聚了其他风格中的装修元素和特点，打破了现代与古典、奢靡与庄重、繁琐与简洁之间的界限，混搭风格跨域了不同年代、不同文化背景、不同阶层，主张随意而又有序的搭配，崇尚比较自由的设计风格。

←不同大小的装饰画拼贴与同一墙界面时，整体不会显得很杂乱，沙发上随意摆放的不同图案的抱枕也给空间增添了不少自由感。

→不同材质的家具运用于同一空间，色彩整体也比较素雅，很好地中和了材质与材质间的矛盾感，整体设计有繁有简。

←不同色彩的搭配使得整体空间层次感更强，空间中无论是带有古典气息的欧式家具和木质现代家具相配，还是现代色彩的中性白与清爽的糖果绿相配，彼此间都显得十分融洽，没有任何不适感。

（2）强调层次感

在选择两种不同装修风格来进行搭配时，混搭的黄金比例是3：7，也就是要有一个主风格，一个次风格，这样主次分明的装修手法，才会显得空间更为协调。混搭风格并不是把各种风格的元素简单地累积在一个空间，而是经过精心的挑选，将风格协调的装修元素进行相互搭配。在同一空间内，不管是选择哪种装修风格进行相互的混搭，都只能以一种装修风格为主，混搭风格忌讳不同装修元素累积在一起，这样会显得空间杂乱无章，不会有任何美感，可以通过对局部或细节的处理，再加以其他装修风格的装修元素，以此来凸显空间与装饰的层次感。

←北欧风格样式的沙发搭配上新古典风格的图案，显得整体空间比较典雅，搭配上蜡烛吊灯，整体空间氛围十分浪漫。

→中式风格独具的纹样与具有后现代主义风格特色的黑色瓷砖相结合，丰富了空间的层次感，同时也提升了整体空间的格调，使之显得更大气。

←田园风格与东南亚风格的混搭充满了异域气息，从桌垫图案到抱枕和地毯的图案，都无一不在展现着这两种风格的有序融合。

→地中海风格的沙发搭配清新田园风格的抱枕，与白色和暖黄色的背景墙相互映衬，格外引人注目，大地色的瓷砖也与电视柜柜面的色彩交相辉映。

第1章　风格的延续与创新

第2章　地域与风格的碰撞

第3章　设计与自然相融

第4章　新与旧的交锋

第5章　风格与生活的结合

（3）色彩多样化

在众多的装修风格中，一般很少会出现三种或三种以上的装饰色彩，在北欧装修风格中，基本是大片的使用纯净的中性白；在美式装修风格中，多采用深褐色的装修色彩；在地中海装修风格中，一般也是黄、白、蓝三种色彩；而混搭风格则与其他风格不同，混搭风格没有装饰色彩的定位和规则，它可以采用多种装修元素进行一个色彩的拼贴，从而使得家居空间显得更有立体感，家居生活环境也能变得更为活跃。

→黄色的床单、紫色的靠枕、黑色的床板、白色的墙面，大面积的纯净色彩搭配在一起，并没有丝毫的违和感，空间的色彩十分丰富，视觉感颇好。

←抱枕上各种颜色交叉搭配，与沙发上交叉的格纹相呼应，地界面的木纹色与墙界面的白色相对比，在无形中平衡了多种色彩交错的凌乱感。

→黄色的桌面、蓝色的墙面和灯罩、各种色彩的抱枕和靠背椅，再配上色彩和图案都十分丰富的装饰画，整个空间的立体感瞬间被拉升，色彩丰富却又不凌乱。

←荧光绿的楼梯挡板、木纹色的方形茶几、甘草绿的沙发、蓝白相间的棉麻质窗帘，配上墙面色彩分明的logo，在横向视觉和纵向视觉上都令人赏心悦目，清新感和大气感同时存在于同一空间，却不会有冲突感。

2.设计方法

（1）撞色

在混搭风格中，撞色是经常会用到的一种设计方法，一般会在中性颜色中融入不同元素，以此来丰富色彩的层次感，例如可以选择蓝色配黄色，蓝色配橘色，蓝色配橘粉色等。撞色的色彩浓度比要依据空间的大小以及所混搭的效果来决定。

撞色装饰

（2）装饰混搭

装饰混搭是混搭风格中最简单，也是最有效的设计方法之一，在家居中，选用一些有特色的小饰品往往能达到意想不到的视觉效果，例如透光窗帘、藤制灯饰等，这些具有地域特色的小饰品可以很好地展现出家居中的异国情调。

↑蓝色和黄色搭配上不同浓度的绿色系，色彩的层次感得到了一定程度的提升。客厅的面积不大不小，阳光透过玻璃照射进来，带来自然的气息，即使有大面积的绿色，也不会让人觉得烦躁，清新感十足的糖果绿反而能带来甜美感。

↑充满异域风情的装饰画搭配大面积的中性色白墙，使得空间不再显得单调、无味；木质横条顶棚搭配时尚的铁艺吊灯，轻重适宜，空间不会显得扭曲。

←充满艺术气息的时钟搭配上藤制的圆形抽纸盒，清新感和时尚感十足，白色的木质储物层板与绿色的小盆栽搭配，也别有一番风味。

图解 小贴士

混搭风格的居室一般都比较繁复，家具配饰样式较多，这时在室内色彩的选择上就要更加小心，以免造成整体凌乱的现象。

（3）家具混搭

家具混搭是现今比较常用的一种手法，可以选择在风格一致的情况下，选用质感、颜色以及形态各异的家具来丰富家居的层次感；也可以选择形状相似，但是色彩不一的家具进行合理的混搭，也会有不同的装饰效果；还可以选择材料质感比较好，做工精细的家具进行混搭，忽略它们的风格和其他元素，只追求格调。

←餐厅靠背椅形状一致，但却拥有黑、红两种色彩，搭配形状不同的两种吊灯，空间的设计元素变得更为丰富，但却丝毫没有违和感。

→不同造型、不同色彩的沙发丰富了空间的设计美感，橘色带来浪漫感，紫红色带来高雅感，蓝色带来清新感，众多色彩有序地糅合在一起，美好而又不会杂乱无章。

←不同色彩的抱枕有序地摆放在床头，与紫色背景墙上颜色各异的装饰画进行混搭，深色的床头柜与黄色的小花进行混搭，画面生动感和色彩层次感都得到了提升。

→不同色彩的圆凳与不同造型的木质椅混搭，不同色彩的靠枕和不同色彩的背景墙软包混搭，再搭配上不同色彩的窗帘，各种元素合理地搭配在一起，既有一定的观赏性，同时画面也比较和谐。

（4）家纺混搭

家纺混搭操作比较简单，最开始流行于欧洲，近几年才开始慢慢在国内流行。家纺混搭主要是利用不同风格的布艺灯罩、帷幔等与家具相搭配，在搭配时会更注重家纺与家具之间的轻重比和色彩浓度比。

←黄色的单人沙发椅混搭上白色的棉质窗帘，配上纵向视觉上的蓝色电视背景墙，轻重比和色彩浓度比都比较合理，整体空间也比较平衡。

（5）材质混搭

利用不同的材质搭配也不失为一个好的混搭方法，每一种界面的装饰材料品种不一，触感和视觉感官都不一样，不同材质的材料轻重感也会不一样，将它们进行合理的搭配，也能够从另一方面展现出混搭风格的个性魅力。

↑不同材质的家具混搭会有不同的魅力。巴西花梨木混搭上金丝楠木，有富贵、高雅的感觉，同时简单的桌椅搭配上立体屏风，颇有新中式风格的特点。

↑具备隔断功能的实体墙选用了红色仿古砖，混搭上白色玻化砖，光亮感与朴素感交错；玻璃灯罩与金属材质的灯罩混搭在一起，美观性很足。

图解 小贴士

一个完整的室内空间所呈现的风格要统一，混搭风格的主风格必须是整个住宅空间的主基调，风格一定要提前确定好。

（6）风格混搭

风格混搭最重要的就是提炼出所要混搭的风格中优异的元素，并将其进行糅合，达到视觉感官上的美的享受。但要注意并不是所有的风格搭配在一起都能产生美的效果，不能为了想要搭配而随意选择风格，要选择合适的。

→地中海风格主要以蓝色调为主，海水清爽的气息扑面而来；而田园风格主要以自然图案为主，枝头的小花常常成为它选择的对象，两者结合，十分美妙。

→日式榻榻米和美式沙发、碎花小抱枕相搭配，整体空间比较自由，给人一种轻松、自在的家居氛围，室内环境也充满了舒适感。

←新中式风格以简约、清爽、舒适为主，西方的设计风格则比较梦幻，充满了现代创意，二者巧妙结合，能使得整体空间更时尚，更舒适。

←地中海风格和田园风格混搭也会有特别的韵味。蓝色的餐桌椅、蓝色边框的装饰画、蓝色的艺术品，搭配上小碎花，满满的小清新。

🏛 **图解**小贴士

壁纸的混搭效果

　　壁纸与家具结合的混搭方式非常简单，中式壁纸和西式家具相结合，能够营造一种舒适、和谐的氛围，不同风格的壁纸与灯饰相搭配，也会产生比较好的视觉效果。

3.注意事项

（1）混搭不等于乱搭

混搭风格是一种特异的表现形式，它可以摆脱沉闷，突出家居重点，合理的混搭可以创造出1+1>2的视觉效果，而乱搭只会给人一种四不像的感觉。混搭风格的重点在于如何在同一空间内将两种甚至两种以上的风格更融洽地进行搭配，既能表现出各种风格的个性魅力，同时两者又不会有冲突感。

←不同材质、形状的家具合理地混合搭配在一起，会使整体空间更立体。在欧式的家装风格中添加几件中式的小饰品，家居的整体时尚感也能得到提升，个性化特征也会更强烈。

→多种风格混搭在一起时，要有一个比较突出的主题风格，一般主要风格的比例要占到70%，建议不要用三种以上的风格进行混搭，这样不仅会显得杂乱不堪，也比较费钱。

（2）注意和谐统一

和谐、统一是混搭风格的设计要点，例如，家具是一种风格，饰品又是另一种风格，但是这两种风格必须要和谐、统一，在某一方面一定要有共同点，所展现的风格特色和空间氛围要气场融合，而不是互相矛盾，引人不适。要决定好基本色，然后在基本色基础上添加同色系的家具，家居软装和配饰也可以选择柔和的对比色来提升整体亮度。

←形散神聚，才能更好地达到和谐、统一，切忌生拉硬配。当所选的风格材质上不同时，要达到和谐、统一的效果，就必须在色彩上达到一个统一，使混搭风格更和谐。

（3）合理搭配色彩

混搭风格要格外注意颜色的搭配，无论是从顶界面还是地界面，都要围绕一个主题，混搭的颜色不宜过多，一般建议选择合适的三四种即可，同时，在选择颜色时，还要注意把控好颜色之间的过渡和呼应，给公众展现一种随意性的精致美。

↑不同的蓝色和橘色相搭配，能够很好地表现出现代和传统、古与今的交汇，这两种色系的搭配，能碰撞出兼具超现实与复古氛围的视觉感受。

↑选用壁纸制作灯罩，其色彩与背景处的浅色壁纸属于同一色系，但又有所不同，两者有了一个颜色的混搭，使得整体气氛显得非常融洽、和谐。

↑亮丽大胆的蓝色，作为混搭主色调，给人带来了视觉上的冲击感，凸显出了混搭风格居室的独特魅力。

↑黄色、蓝色、红色以及交错使用的对比色，搭配上柔美的灯光，在视觉上给人美的享受。

图解小贴士

混搭家居风格的材料搭配原则

在混搭风格的家居中，材料的选择十分多元化，能够中和木头、玻璃、石头、钢铁的硬，调配丝绸、棉花、羊毛、混纺的软，将这些透明的、不透明的，亲和的、冰冷的等不同属性的材料层理分明地摆放和谐，就可以营造出与众不同的混搭风格的家居环境。

1.4 工业风格

工业风格由来已久，在近几年频繁被使用到，经常出现在人们视野中的Loft风格也可以说是另一种形式的工业风格。工业风格摒弃了精致的表象，以原始的样子表现出居住者的态度，深得现代年轻人喜爱。

1.源起

工业风格最早起源于欧美，20世纪40年代以Loft风格为代表的居住生活方式首次在美国纽约出现，主要是通过对工厂或仓库进行整修改造，将其变为工作室和住室。Loft在牛津词典上的解释是"在屋顶之下、存放东西的阁楼"，但现在所说的Loft则指的是那些"由旧工厂或旧仓库改造而成的，少有内墙隔断的高挑开敞空间"，这个含义诞生于纽约SOHO区。

工业风格的内涵是高大而敞开的空间，其风格具有流动性、开发性、透明性、艺术性等特征，工业风格蕴含着历史的魅力，不论是超大尺度的空间还是高质量的采光都使人们心动不已，工业风格令人沉浸在历史建筑中，流连忘返，风格里的一砖一瓦都在诉说着过去的故事。

工业风格象征着先锋艺术和艺术家的生活和创作，它对花园洋房这样的传统居住观念提出了挑战，对现代城市有关工作、居住分区的概念提出质疑。工业风格倡导工作和居住不必分离，可以发生在同一个大空间中，厂房和住宅之间也可以出现部分重叠，即使是在繁华的都市中，也仍然能感受到身处郊野时自由和轻松的感觉。

↑黑色与灰色作为混搭主色调，在集中的灯光下给人带来了视觉上的冲击感，凸显出了工业风格居室的独特魅力。

↑工业风格选用色彩比较单调，可以依据个人喜好添加少许的跳跃色，注意与整体色彩主调相融合。

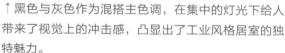

🏛 **图解**小贴士

工业风格色彩的选择

工业风格拒绝单调和死板，所选的深色系的主基调不能超过整个空间的1/3，否则容易压抑。另外可以选择蓝色、白色以及相应的跳跃色，可以很好地点缀空间，也能赋予深色系活力。

2.风格特点

（1）灵活性

生活方式的多变性造就了我们对于装修风格的多重要求，在家居生活中，我们需要一个功能划分较模糊、可随时转变属性的空间，它可以充当多角色来适应我们灵活多变的需求。工业风格所具有的灵活性正好解决了这个问题，它大大地减少了我们所需的房间数量，最大程度地开发出纯净空间的潜力。使用者可以随心所欲地创造自己梦想中的家，而不会被已有的结构或构件制约想象，空间可以完全开放，也可以自由分隔。

灵活
自由

（2）自由性

工业风格所具有的自由性特点是在其灵活性的特征基础上衍生而来的，自由性的工业风格能够更好地易于设计人员进行思想上的创作，各种弧形的、圆形的、离心式的、转角的、倾斜的等形式的设计可能都会出现在工业风格中来，这种自由性也能最大限度地解放思维，创造一种新的空间形式美。

←工业风格的灵活性使得装修的经济性得到了很大的提升，不仅最大限度地利用了空间，同时也能有意想不到的装饰效果。

↓工业风格的灵活性同时也造就了室内空间的多功能性，空间可以随心转换，这一点与传统的固定空间也有所不同。

←自由性的工业风格带来设计理念的创新，但同时要注意结合室内空间的实际结构，所选择的家具造型抑或是装饰形式都要和谐、统一。

（3）多样性

工业风格可以依据个人喜好添加装饰品，充满艺术气息的装饰品或者是家具都能给空间增添不少美感。不同材质制作而成的隔板或者是家具都可以很大程度地丰富室内空间的层次感，可能是废弃的纸张或者是布料，都能在工业风格中加以利用，成为不一样的装饰品。

（4）流动性

工业风格的流动性主要体现在隔墙的非封闭性与灵活性，空间本身是不存在流动性的。工业风格所具有的流动性是指给人的一种选择，流动的感受实际上来源于人，是空间相对于人的运动而运动，因此工业风格的空间没有绝对而封闭的阻隔，使用者基本可以在其中全方位地行动。

↑绿色盆栽有时也能很好地装饰空间，在工业风格中，零碎的绿色可以很好地丰富空间，拔高公众视野，减缓视觉疲劳。

↑废弃的瓶瓶罐罐，只要将其外表再装饰一番，也能很好地为工业风格的家居环境增添光彩，同时也比较环保。

←工业风格的出现是对传统私密性的挑战，开敞的空间给予设计师机会，能够创造出流动而内部无障碍的空间设计，户型之间也可以全方位进行组合。

🏛 **图解**小贴士

房中房

房中房是一种奇特而最富有戏剧性效果的设计手法，它是将卧室或办公室塞进一个自身独立完整的夹囊或蚕茧状的小屋中，可以使空间保持开敞贯通，同时又可以自由地进行个人的房间装修设计，自由性和随意性很强。

3.常用元素

（1）黑白灰基础色调

工业风格常用黑、白、灰这三种色系来作为基础色，这三种具有理智、个性且质感很强的色系也很能突出工业风格的特点。黑色神秘冷酷，白色优雅轻盈，两者混搭交错可以创造出更多层次的变化，在选择室内装修整体色彩与家具的颜色时，选用纯粹的黑白灰色系，也可以让室内环境更干练，更显气质。

白色墙面可以从视觉上增强空间立体感。

白色靠背椅与白墙相互搭配。

玻璃作为楼梯挡板，增添了不少科技感，同时玻璃的色彩也和主色调比较搭配。

带有艺术气息的枯木很好地融入了黑、白、灰的色彩基调中。

（2）原始的水泥墙面

比起砖墙的复古感，水泥墙更有一分沉静与现代感，工业风格会更多地运用到原始的水泥墙面来展现家居特色。比起砖墙的摩登，水泥墙面会体现出多一层的沉静与理念，会容易让人放慢脚步，能够产生一种静谧与美好的情愫，这同时也是工业风格所要表达的内涵。

←原始的水泥墙面经过基本的处理，也能成为很好的特色，也更能突出工业风格自由性的特点。再搭配上红砖和独具特色的装饰画，整个空间的格调都会有所提升。

（3）裸砖墙

工业风格也会时常运用裸露的砖墙来取代单调的粉刷墙面，裸露的砖墙充满老旧感，但同时也富有摩登感，十分适合工业风格不羁的特性。砖块与砖块中的缝隙可以呈现出有别于一般墙面的光影层次，而且还能在砖头之上进行粉刷，不管是涂上黑色、白色或是灰色，都能给室内一种老旧却又摩登的视觉效果，与工业风格所要营造的粗犷氛围不期而遇。

（4）裸露的管线

工业风格不需要考虑管线的配置如何安排，如何隐藏才会让人察觉不到它们的存在，它不刻意隐藏各种水电管线，而是透过位置的安排以及颜色的配合，将这些裸露的管线作为室内的视觉元素之一，这种颠覆传统的设计风格也使得室内空间更个性化。

局部使用裸砖可以与其他墙面形成反差，成本低，视觉效果好，有些甚至可以和地面形成鲜明的对比，能较好地丰富空间的层次感。

裸露的砖墙涂刷上白色，和大面积的白墙相搭配，既在色彩上有了统一，又在纹理上有了不同，空间的形式感也得到了加深。

←不需要多花时间隐藏顶棚上的管线，电线也可以自然垂放，这种形式不仅可以拥有挑高的顶棚，也可以恰当地打造出工业风格，整个空间也能更具视觉魅力。

图解小贴士

为了达到工业遗产与现代生活的统一，工业风格需要将那些既矛盾又有联系的东西融合在一起，既要有感性的创意，又要有理性设计的秩序。工业时代的力量、车间的形象、环保的意识以及今昔时代的对比都是创造工业风格的绝佳载体。

（5）金属制家具

金属材质的家具会给人一种冷淡感，这恰巧是工业风格所需要的一部分，并且金属是强韧又耐久的材料，从工业革命开始，人类的生活中就不断地出现金属制的生活用品。为了避免过于冷淡，而导致空间出现空泛感，可以选择将金属与木材作混搭，既能保留家中温度又不失粗犷感。

↑工业风格中金属制家具的运用比较广泛，具体表现在无论是楼梯、门窗还是部分家具，都采用铁艺，这样所营造的气氛就不会逃离工业的味道。金属制品也比较持久耐用、酷感十足。

↑由木质材料和金属材料制作而成的家具不仅具备了现代气息，同时也兼备了古朴气息，二者结合十分巧妙，冰冷又不失温暖，很有工业风格的多样化特点。

（6）原木元素

工业风格的家具时常会出现原木的踪迹，许多铁制的桌椅也会用木板来作为桌面或者是椅面，并以此来中和金属带来的冰冷感，如此一来也能够完整地展现出木纹的深浅与纹路变化，尤其是老旧的、有年纪的木头，做起家具来会更有质感。

←由原木制作而成的洗衣盆在色泽上能够提亮空间色，同时与周边的水龙头相配，有一种柔与刚的美感，与放置沐浴用品的隔板也能形成很好的搭配。

图解小贴士

工业风格中可以使用符合现代主义风格主题的现代感材质，它们可以有效地点缀空间，具备透光性特色的玻璃以及能够反射的金属等都能在不缩减视觉空间的基础上点亮稍显沉闷的深色系家居。

（7）皮质元素

人类使用皮革的历史十分悠久，皮革在视觉与触觉上，都十分怀旧、质感十足，工业风格会更注重于所选择的皮革的颜色与材质，一般建议选择带有磨旧感与经典色的皮革，这类皮革理智中性、大气稳重，能让室内空间更有复古的韵味。

↑经典的中国红蕴含了古典魅力，皮质的沙发与裸露的白墙相搭配，视觉上不会感觉到疲劳，柔和的灯光从金属材质的落地灯罩中映射在沙发上，格外迷人。

↑黑色作为经典色，基本随处可见，黑色的皮质椅背，不仅符合工业风格的基本色调，同时与蓝色的沙发形成搭配。

（8）做旧元素

复古一直是设计的潮流，工业风格自然也不例外，做旧元素无所不在，无论是在家中摆上各种破旧的家具还是一些以往收藏起来的摆件，铁盒、留声机等，这些装饰物件都能给工业风格增添不少光彩。

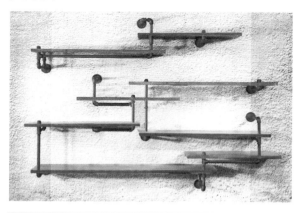

←原始的水泥墙面本身就有一种老旧的感觉，搭配上裸露在外的水管，复古气息就更强烈了。深色系的木质层板也有效地中和了金属水管所带来的坚硬感和冰冷感。

🏛 图解小贴士

工业风格设计注意事项

设计色彩时要注意权衡材料的质感，可以用纹理去表达敏感微妙的变化效果，以同一种颜色的涂料在墙上刷出光面与毛面更迭的效果时要处理好触觉上的差异感。

（9）灯具

灯具拥有不同的外形，一盏特色的灯具会影响整个空间的氛围，工业风格经常会用到各种金属支架搭配裸露的大灯泡，这种狂野的表现手法个性而独到。具备金属骨架和双关节的灯具也是最容易创造工业风格的物件，在桌上摆上一盏这样的灯具能很好地为周遭氛围带来改变。此外，裸露的灯泡可以成为工业风格中的必备品，也能为室内空间增添许多光彩。

↑金属灯罩搭配木餐桌，在材质上有了明显的对比，同时具有艺术美感的金属灯罩也能提高空间的整体颜值，黑色金属灯罩与蓝色的墙面相配，也更有情调。

↑白色的球形落地灯搭配上金属材质的支架，在阳光的照射下，格外闪耀。合适高度的落地灯也能为阅读提供合适的光照度。

（10）水管结构家具

以金属水管为结构制成的家具简直就是为了工业风格而独家打造的，裸露在外的水管，不论是金属材质的还是塑料材质的，只要运用得当，都能有意想不到的装饰效果。

←以水管作为支撑件的层板可以很好地装饰墙界面，同时刷黑漆的水管和白色的裸露砖墙也能形成鲜明的色彩对比，二者结合在一起，整体的立体感不仅得到了强化，且工业气息也更浓郁。

图解小贴士

工业风格用色

　　选用黑白灰作为主色调时，如果搭配其他色调，应注意互相融合，协调统一，且颜色不要过于杂乱。

4.设计手法

（1）巧用灯光

    工业风格最吸引人的一点是充足的自然光线以及美妙的人工照明，巨大的工业高窗可以将大片阳光洒向室内，有些空间比较大的区域还能创造天井，为室内提供更多、更充足的阳光。而无论是天然照明还是人工照明都散发着独特的魅力，都能使工业风格凸显出来。在对灯光要求比较高的区域，例如卫生间、厨房等处可以设置一个照度比较高、比较集中的光源，方便使用者可以很好地去进行任何一种工作；在其他区域内，例如书房、卧室等处可以选择比较舒适、柔和的灯光，既能提供照明，也能使人身处其中有安逸感。

（2）大胆用色

    工业风格通常用到的主要元素都是无彩色系，难免略显冰冷，但这些色彩所营造的氛围对色彩的包容性极高，所以在实际的运用当中可以多采用彩色软装或者选择一些比较夸张的图案来中和黑、白、灰所带来的冰冷感。

←阳光和景色可以透过天窗和采光口被引向内部空间，空间内的家具在阳光的照耀下也会更具有质感。

↓可以选择自然灯光和人工照明相结合，这样不仅能够体现工业风格的特色，也比较环保。

←在不同的色彩的映衬下，工业风格也能具备温馨感，这种色彩的反差比也能使室内空间更具有艺术气息。

（3）合理利用空间特色

不同的空间所选择的设计元素也会有不同，比较小的空间在选择工业风格时要注意尽可能少地划分空间，以保持其完整性，这样，室内自然就会显得宽敞、纯净。不同的空间内部结构对于最终呈现出来的工业风格也会有比较明显的影响，选用各种轻质隔断、落地罩、博古架、帷幔家具、绿化等分隔空间时也应注意它们构造的牢固性和装饰性。

↑承重墙、柱、楼梯、电梯井和其他竖向管道井等，都会对空间的分隔产生影响，因此在划分空间布局时要特别注意它们与家具之间的协调关系。

↑工业风格所适用的空间至少要有一部分平面是敞亮的，这种结构便于设计元素的应用，也能巧妙地运用空间内的转角等来丰富室内环境。

（4）从细节上进行装饰

选择家居装修的风格首先要考虑居住的舒适性、实用性以及营造温馨的家居氛围，同时还要满足个人喜好。水彩画、油画、鹿角、工业模型等细节装饰运用在工业风格中会更大程度地增强室内空间的多样性，同时也能丰富空间色彩的样式。

←细节上的装饰能够增强工业风格的装饰美感，同时也能避免微观上的设计漏洞，能够更全面的完善工业风格，完善室内环境。

图解小贴士

家具选择合适的高度，灯具要具备功能性和装饰性。挑高较低的空间尽量选择矮床，可以有效地防止压抑感，也能有效地放大空间。

不同风格对比见下表。

不同风格对比				
元素	图例	风格	特点	备注
陈设		现代主义风格	各分区布局都比较简单，空间内各元素搭配都十分简单、明快	现代主义风格崇尚简单的设计，经常会用到新兴材料，装修成本较低
		后现代主义风格	空间布局追求功能性，注重居室空间的布局与使用功能的完美结合	后现代主义风格是对现代主义风格的一种反思，整体设计局限性较小
		混搭风格	空间布局具备随意性，但整体陈设又和谐、统一	混搭风格要注意形散神聚，不要随意乱搭，要在秩序感中寻找变化
		工业风格	有流动的行走动线，陈设比较自由	工业风格要营造一种比较舒适的室内环境，陈设以人为本
色彩		现代主义风格	常运用高纯度的色彩搭配具有跳跃性的色彩，彼此互相配合	在运用大面积单色时要注意避免单调，色彩的纯净度要调节好
		后现代主义风格	色彩比较夸张，充满趣味感，能引起共鸣	夸张的色彩要有中性的色彩进行中和，以免空间扭曲
		混搭风格	色彩比较丰富，最多不要超过三种以上的色彩	色彩不要太过杂乱，要注意选用互补色和对比色
		工业风格	以黑、白、灰为主基调，可以适当添加一些跳跃色	比较鲜亮的色彩会使工业风格更突出，也能缓解黑、灰色调的冰冷感
装饰品		现代主义风格	装饰品线条简单，色彩纯度较高，可以用色彩较跳跃的装饰品，以此来丰富环境	可以选择比较科技化的装饰品或者金属材质的装饰品来丰富空间的形式
		后现代主义风格	装饰品会带有比较夸张的图案，多为金属工艺品或陶艺品	造型小巧但是夸张的装饰品可以作为选择的对象，工艺品造型不宜过大
		混搭风格	装饰品可以是主风格中的，也可以是次风格中的，没有特别的规定	装饰品中可以加入其他风格的优异元素，但要注意互相融合
		工业风格	装饰品以造型简单的为主，色彩依据个人喜好而定	具备工业风格的装饰品是很好的选择对象，可以在选购时说明

（续）

元素	图例	风格	特点	备注
家纺		现代主义风格	家纺色彩以纯净色为主，材料一般选择比较轻柔的	家纺可以以棉麻材质的为主，简单又具有舒适感
		后现代主义风格	家纺可能会带有曲线或者花蕾图案，运用自然元素较多	合理的运用曲线，并将其与现代元素相结合
		混搭风格	家纺的色彩、材质要和家具、室内环境的主题相搭配	家纺色彩可以多样化，但要注意色彩不要太多，以免杂乱
		工业风格	家纺可以选择较跳跃的色彩，但要融入黑、白、灰的基调中	家纺最好以素色为主，其他搭配色为辅，这样也能更好地融入主题中
家具		现代主义风格	家具以造型简单、实用性较强的为主，色彩纯度较高，部分家具需要具备一定的装饰性	几何线条的家具会是现代主义风格的首选，白色或者其他浅色系的家具会更能凸显主题
		后现代主义风格	家具会运用曲线等元素，自然元素也在其运用范围内	家具会更多地具有曲线性，且符合人体发展
		混搭风格	家具之间的色彩要协调，材质要与整体空间的主基调相匹配	家具选择性比较多，色彩、样式也比较丰富
		工业风格	家具材质以金属、木质的为主，多与裸露的水管等做组合家具	家具更多会选择金属与木质材料相结合的，既有干练感，也有温暖感
灯具		现代主义风格	灯具具有浓厚的现代气息，以功能性为主，造型比较简单	这四种风格所选用的灯具各有特点，但都需要依据室内空间的结构和使用者的功能需求、经济条件、个人喜好等来选定
		后现代主义风格	灯具装饰性较强，造型颇具艺术性，观赏性强	
		混搭风格	灯具依据功能需要来选择，色彩要与室内环境相搭配	
		工业风格	灯具会以裸露的灯泡为主，照度依据空间内容来定，造型比较简单	

第2章
地域与风格的碰撞

识读难度：★★★★☆

核心概念：日式风格、韩式风格、我国港式风格、东南亚风格、地中海风格

章节导读：

　　充满地域特色的风格，必定是与周边的地理环境、建筑特色以及民族风情等有一定的关系，例如日式风格中常会用到榻榻米；韩式风格讲求浪漫；地中海风格频繁运用蓝、白色调等，设计者将这些带有地域特色的风格应用在装修中时，也应结合住宅周边的环境来进行具体的设计。无论选择哪一种风格，都要结合自身条件以及住宅内部结构，把握好地域特色将会对风格的应用产生良好的影响。

2.1　日式风格

精致的风格，在中小户型中往往更有适应性，这也是日式风格让很多人都非常喜欢的地方。日式风格能够很好地营造出一种清新自然和悠然自得的生活境界，现在的日式风格不仅兼具了时尚感，同时也保留了精致的设计感觉，而且还会非常地有棱角，设计更具有表现力。

1.源起

日式风格起源于日本，最初的日式风格被称为日本和式建筑风格，大部分应用于室外，13～14世纪日本佛教建筑继承了7～10世纪的佛教寺庙、传统神社和中国唐代建筑的特点，设计采用歇山顶、深挑檐、架空地板、室外平台、横向木板壁外墙、桧树皮葺屋顶等，建筑外观轻快洒脱。随着时间的发展，日式风格也不断与时俱进，开始应用于室内装修中，风格也逐渐开始追求简洁美与意境美。

日本境内多山，山地成脊状分布于日本的中央，将日本的国土分割为太平洋一侧和日本海一侧，山地和丘陵占总面积的71%，森林覆盖率居世界前列。日式风格会频繁地运用到木元素以及枯山水元素来丰富室内外环境，使其既兼具时尚感，又能具备古朴禅意，使人内心深处也能感受到宁静的气息，平静人的心态。

↑这是俯拍的日式庭院，庭院内的枯山水设计搭配上翠绿色不高不低的植物，整个空间既充满自然气息，同时也引人深思，禅意十足。

↑日式风格中会经常运用到庭院这一元素，由砂质材料规划而成的地界面，搭配上斑驳的块石，再配上一圈一圈的砂砾，意境感油然而生。

🏛 图解小贴士

日式风格又称和风、和式，和风启发于中国的唐朝，盛唐时鉴真大师东渡，受大唐文化影响，无论是文字、服饰、饮食，还是文化、宗教、起居、建筑物的结构以及制式等，日本与中国都有着极其相似的地方，和式风格受其影响，并在此基础上有所发展。

2.风格特点

（1）亲近自然

在日式风格的室内设计中，从整体到局部、从空间到细节，草、竹、席、木、纸、藤、石等天然装修材料在日式风格的室内设计中随处可见。在居室内，无论是地界面还是顶界面，基本都会运用到最天然、最朴实的装修材料。这种亲近自然的风格展示出了一种祥和的生活意境与宁静致远的生活心态，让人们置身其中，便仿佛是身在桃源深处，不愿离去。

↑日式风格极力保持传统住宅的建筑风格，并充分考虑人与环境的关系，强调整体的生态设计，这也符合日式风格亲近自然的特点。

↑日式风格在选购家具和装饰材料时会更多地保持原色而不加以其他的修饰，也极少运用金属、钢制等现代化装修材料。

（2）风格特点

受日本地域、环境以及传统风俗习惯的影响，日式风格也会比较强调节俭，不仅是在硬装的装饰材料上会更多地选用木质材料，在小件的装饰品或者装饰画的选择上也以天然的植物或者手织艺术品为主。在日式风格的室内设计中，家居陈设也是非常节俭的，大多物品的设置都是遵循以小见大的设计原理进行陈设。日式风格的室内讲究"小、精、巧"的造型模式，充分利用了檐、龛空间，既提高了空间利用率，也创造了一种特定的幽柔润泽的光影。

←对自然光线的充分利用，也是一种节俭，同时也是一种比较环保的行为。简单的灯具配合充足的阳光，光影结合，别有一番情调。

（3）高雅简洁

日式风格的室内设计，造型极为简洁，风格中明晰的线条，纯净的四壁，无一不在彰显着其简朴、高雅的气质。日式风格摒弃了传统风格中繁琐复杂的曲线，改为采用清晰的装饰线条，将室内划分出具有很强几何感的空间形态。在日式建筑中，室内宫灯悬挂，门窗大多简洁、透光，家具低矮且不多，居于室内，给人以宽敞明亮的感觉。

（4）色彩淡雅

受中国文化的影响，日式风格的室内设计不推崇豪华奢侈、金碧辉煌的效果，大多以碎花典雅的色调为主，带有古朴神秘的色彩。日式风格中色彩多偏重于原木色，以及竹、藤、麻和其他天然材料颜色，形成朴素的自然风格。日式风格中所用的室内装饰也大部分是传统字画、浮世绘、茶具、绿色植物、轧染布、纸扇、武士刀以及玩偶及面具，更有甚者直接用和服来点缀室内，色彩整体比较单纯清雅。

风格
高雅

←低矮的榻榻米不仅扩大了居室内的视野范围，也充分体现出日式风格的沉静与简洁，榻榻米的这种生活形式也比较简洁，能够突出日式风格的高雅气质。

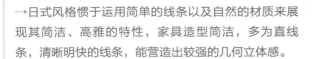

→日式风格惯于运用简单的线条以及自然的材质来展现其简洁、高雅的特性，家具造型简洁，多为直线条，清晰明快的线条，能营造出较强的几何立体感。

←原木色的大量运用首先在视觉上就能带给人一种清新感，整体空间的色彩也比较纯净、素雅，符合日式风格的典型特征。

3.常用元素

（1）榻榻米

最初的榻榻米多为蔺草编织而成，一年四季都铺在地上供人坐或卧，一般家庭的榻榻米大都设计在房间阳台、书房或者大厅的地面，榻榻米给公众提供了一种新的生活方式。

（2）日式推拉格栅

日式风格受日本和式建筑影响，讲究空间的流动与分隔，流动则为一室，分隔则分几个功能空间，日式推拉格栅可以很好地分隔空间却又不会有封闭感与压抑感。

（3）传统日式茶桌

日式风格的家具以其清新自然、简洁淡雅的独特品位，形成了独特的家具风格，传统的日式茶桌更是典型。

←散发着稻草香味的榻榻米，配合营造出朦胧氛围的半透明樟子纸，贯穿在整个房间的设计布局中，天然材质的运用也成为日式风格中最特别的一部分。

→日式推拉格栅的设计使空间看起来更加通透，又不失隐秘性。推拉格栅门的几何造型本身也成为空间中一个重要的装饰。

←原木色的传统日式茶桌能够营造一种闲适写意、悠然自得的生活境界，这也符合公众的精神需求。

（4）原木色家具和原始墙体

秉承日本传统美学中对原始形态的推崇，日式风格中还会原封不动地表露出水泥表面、木材质地、金属板格或饰面等来表现一种原始的美感。

（5）米色+白色的色彩搭配

新派的日式风格家居讲求简约，强调的是自然色彩的沉静和造型线条的简洁，日式风格通常会选用米色和白色的色彩进行搭配，以此来凸显空间的开阔感。

（6）和风面料

古色古香的和风面料为日式风格的居室空间再次增添了民族风味，搭配上"枯山水"风格的日式花艺，空间的内容也会更丰富。

←原木色的家具搭配原始的水泥墙面可以很好地表现出素材的独特肌理，这种方式也能很好地起到过滤的空间效果，能够引发公众的怀旧、怀乡以及回归自然的情绪。

→空间选择以米色和白色为主的纯净色，搭配少量的跳跃色，这种配色形式不仅可以使空间显得更整洁，同时也能缓解单调色带来的枯燥感。

←具备和风特色的靠垫图案样式十分丰富，材质采用棉麻、真丝的都有，这种色彩多姿的和式靠垫也为日式风格的家居增添了不少光彩。

（7）园林

日本深受中国园林尤其是唐宋山水园林的影响，一直保持着与中国园林相近的自然式风格，日式风格在此基础上结合了日本的自然条件和文化背景，逐渐形成了独具特色的一种风格。日式园林中的庭园、日式廊子等元素也被运用到日式风格中，极富诗意和哲学意味。

←茶道讲究和、静、清、寂，相应的也追求朴实与宁静的室内氛围，日式风格会运用到茶室这一要素，并以此来塑造宁静、淡泊的意境。

→枯山水最初运用于室外，日式风格充分汲取了枯山水的特点，将其运用到室内，具备枯山水特色的景观小品充满着禅意，能够很好地放松心情。

（8）西方元素

西方和东方的结合可以说是时代进步的表现，日式风格在设计上也会使用西式风格中的可取元素，将其融入到室内设计中。除了所选用的材料开始有了新的突破，各种色彩的综合运用也在表明着日式风格在不断的创新，它既能突破传统风格带来的局限，也能在兼顾传统风格优异的元素的同时与时俱进，创造一个新的日式风格。

例如，室内使用的家具都采用洋式，而在其中可以单独开辟出一块和室区域，这个由地台组成的和室区域可以用来休息睡眠或饮茶参禅。一个完全的西式空间也可以做出和室的味道，可以利用西方的壁炉与现代的抽油烟机来代替日式传统炭火盆，并保持着原始的形态与韵味。

→日式风格中还会采取不严格地区分和室与洋室，让它们同时保留各自的风格特征，并根据功能重新组合的形式，这种形式可以很好地融合东西方特色。

4.设计手法

（1）运用木地板营造舒适的踏感

　　木地板本身就能营造比较好的踏感，在日式风格的室内家居中可以大面积铺设地板，但要让地板与地面有一定的距离。这种满屋地板的风格摒弃了其他地面材料所营造的豪华与奢侈感，更多地将注意力放在通过艺术效果来表达出日式风格淡雅、简约、深邃的禅意，使人身处其中，能产生一种与大自然融合之感。

（2）选用合适高度的家具

　　很多日本民众看电视和吃饭都习惯跪坐，为了使用方便，家具一般都不会太高，这样一来，在生活中的很多活动都可以坐着或者跪着完成，这一点可以很好地方便人们的日常生活，同时也成为了一种新的生活习惯，这也是日式风格中所体现出来的另一大特色。想要将日式风格完美地展现在空间中，那么相对比较矮小的家居用品就是必不可少的，小巧的日式沙发，也透露出一种严谨的生活态度。

舒适
设计

↓原木色的木地板搭配大片的白墙，整个空间显得很干净、简洁。黑色的毛绒地板也中和了墙体带来的坚硬感，使得空间刚柔相济，颇具自然的力量美。

↑原生木材是日式风格装修中必不可缺的材料，首先这种材料比较环保，其次与绿色的小盆栽搭配会更具有自然气息，让人感觉舒适。

→比较小巧的沙发和合适高度的桌子、椅子可以使整个空间更具开阔感。有序的摆设方式也使得空间在具有一定自由度的同时也能具备秩序性。

（3）善用自然元素

日式风格经常会运用到自然元素，色彩多以物体的本色为主，以此加深质朴和踏实的风格。自然元素能够让人安详和镇定，能够给人一种沉静感，让人能更好地静思和反省，这与当时日本禅宗兴起的时代背景息息相关。

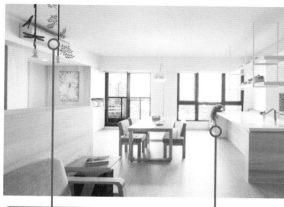

天然原木制作的家具自带香气，同时富有历史感与难以言说的韵味。

没有添加任何色彩的陶瓷花瓶，随意摆放的几株树枝，凌乱中又有一种天然美。

巧妙地运用自然界中树叶、蝴蝶的形象来作为吊灯的尾缀，趣味感很浓郁。

绿植使空间的自然气息更生动化，清新、宁静的气氛也更强烈。

（4）选择合适的色彩

在日式风格的设计理念中，色彩主要以清新、淡雅的色调为主，主要表现在室内空间的墙界面会运用绿色或者空间内部会种植树木以及设计景观花园等，从而把大自然带入家居的氛围中，这种形式也能很好地表现出日式风格的独特品位。

（5）善用榻榻米

清晰的线条能使居室的布置更简洁，给人以优雅感，榻榻米以直线条为主要构成对象，有较强的几何立体感，所营造出的氛围不管是在视觉上还是在感官上都有种不言而喻的舒适感，这也十分符合日式风格简洁、清雅的特点。

→日式风格在选择颜色搭配这方面特别注重，主要以简单的黑色或者白色为主，或者在墙面运用到绿色，以突显清新的自然感，尽量少用花色，花色搭配一般以点缀为主，这一点要非常的明确。

5.不同空间的设计形式

（1）玄关

玄关是指和室住宅室内与室外之间的一个过渡空间，也就是进入室内换鞋、更衣或从室内去室外的缓冲空间，作为入户的第一个空间，玄关的设计需要能够让人眼前一亮，可以选择富有日式风格的挂件来装饰玄关。

日式特有的推拉格栅门，既能分隔空间，也不会使空间过于封闭。

具备日式特色的装饰画，第一眼就能让人记住。

将原木和格栅结合在一起，搭配灯光与鲜花，唯美的意境油然而生。

墙面枯山水搭配适宜高度的绿植，宛如置身在大自然中，十分舒适。

（2）隔断、门窗

传统的日本建筑多采用木构架结构体系，内墙基本不承重，因此室内会采用轻质隔断来分割空间。隔断与门窗在日式风格中可以做成移动式，或部分活动部分固定式的。隔断和屏风隔声效果虽然比较差，但却是进行装饰的绝佳载体，许多隔断上都覆盖有精美的浮士绘，画面内容多为山水和其他自然景物，有的色彩甚至是超自然的，例如，金色和白色的枝叶上飞翔着青、蓝、棕和黑等颜色的飞鸟，靠近窗的区域还会形成独具一格的日式阅读空间。

←飘窗给予了设计者更多的创造元素，原木色的家具搭配清新绿的小植物，配上浅色的窗帘，清雅又脱俗，沐浴在阳光下，手捧一本手绘抑或是一本名著，甚是悠然自得。

（3）地界面

日式风格的地界面除了玄关部分会采用地砖或者板岩外，室内很少用砖石，地界面通常会采用榻榻米或者木地板。常用的榻榻米采用稻草和蔺草为中层，以席为面，厚纤维布料包边，既有淡淡的香味散发，又有清凉、舒适的感觉。稻草和蔺草还具有吸收和扩散水分、脱臭、空气调节、保温隔热的能力。而只铺地板而没有榻榻米的房间则称为"洋式"，一般是摆放西式家具的房间。

↑榻榻米与木地板结合的空间既能放置现代家具，同时空间内的气氛也相当好，稻草的香味融合着原木的香味，整个空间愈发的清凉、舒适。

↑木地板铺满整个客厅，与木质家具相呼应，是典型的日式风格，空间内蕴含古朴韵味，搭配现代家具，古今结合，既兼具时尚感，也能延续传统。

（4）墙壁、壁龛

墙壁和壁龛是日式风格中的固定部分，通常会对这些元素做细微的处理。组成和室墙壁与壁龛的构造很有讲究，主要分天袋、地袋、押人、床间和床柱，而壁龛作为室内的视觉主体与审美中心，主要用来悬挂装饰轴画、摆放装饰品或储藏衣物被褥等居家用品。墙面处理则更为简单，主要以白灰粉刷为主，或者贴上壁纸和壁布，壁纸没有华丽的图案，一般为素色，或有淡雅的花纹、竹纹，或有各种皱褶肌理，这种简单的处理，恰恰可以体现出日式风格朴实无华特色。

→墙面涂刷白灰，首先是为了与家具、原木地板的色彩、材质相搭配，其次是白色属于中性色，可以在空间中自由添加其他配饰色，这样也增强了空间形式感。

（5）沐浴空间

受传统思想的影响，日本民众很重视沐浴，他们认为沐浴不仅可以清洁人的躯体，同时通过沐浴也可以涤荡心灵的尘埃，可以为人们提供自省的机会，沐浴过后，会身心轻松，也可以重新领略自然界的力量。日式风格的浴具有一些也会采用原木材料制作，这样会比较天然，更符合人们想重塑新生的美好愿望。

↑日式风格的浴缸采用木制，比西式浴缸小，但是很深，坐浴时热水可以漫过肩膀，起到活血、驱寒和放松筋骨的作用。

↑在浴室空间内，采用原木作为镜子的背景墙也是别有一番风味的，但要注意做好防潮、防虫处理。洗面盆旁边的小盆栽也给浴室空间带来了一抹生机绿。

（6）顶棚

在传统的日式风格中，木构架的传统建筑之上支撑着的是用瓦板或是木板搭建的坡顶，在室内，有些时候顶棚是结构露明的，但更多是采用竹、木、席等天然材料来重新吊顶。现代日式风格延续了传统特色，在屋顶与墙面衔接的地方还会设一些细格挡板，不仅做工细致，与整体风格也能互相呼应，体现了日式风格细致入微的一面。有的细格挡板上还会嵌着纸画，例如，有的顶棚会描绘有红白色鲜花和飞鸟的纸画，栩栩如生，为空间增添了生动感。

→顶棚选用细木来作为挡板，分布有序，不仅丰富了顶棚的样式，同时与吊灯、木质家具以及地板等元素都有了呼应，这也是日式风格的一大特色。

2.2 韩式风格

　　韩式风格的家居往往会给人以唯美、温馨、简约、优雅的印象，同时还会散发着一种整洁温馨的家居氛围。韩式风格可以很浓重，也可以很素雅，它独具的柔美风格特点也代表了唯美、自然的格调和生活方式，更重要的是，韩国家庭的生活空间不大，符合中小户型的家居现状，这也是韩式风格逐渐开始流行的原因。

1.源起

　　韩国传统风格是在后现代主义风格的基础上发展起来的，是韩国传统文化在当前时代背景下的演绎。随着韩国经济的发展和韩国文化的广泛传播，使得韩式风格的鲜明特征与空间元素逐步对外推广，尤其是受韩国影视作品的影响，我国也渐渐开始流行韩式风格。

　　韩式风格比较注重空间搭配，取材自然和谐统一的设计思想也满足了一部分人的消费诉求。现在韩式风格实际上是取百家之长，更接近日式风格。当然，我们会经常看到在韩式风格的家居中会出现新古典主义风格的花瓣吊灯，或者中式风格的小饰品等。

↓白色的木质家具，白色的艺术吊灯，白色的推拉门，再配上糖果绿的墙面，几株小花、几件艺术品，画面立刻生动起来，满室的年轻气息，活力满满，气氛更轻松。

↑韩式风格在视觉上会给人一种很舒适的感觉，用色也都比较适宜，各空间界面的色度比也比较协调，符合大众的审美需求。

图解小贴士

韩式风格的用材

　　韩式风格喜欢使用石材和大量木饰，在卧室的设计上更加温馨，一般地面采用软木地板，对各种仿旧工艺有所追求，地面比较偏好仿古地砖，喜欢富有历史感的客厅风格，不设顶灯，多用温馨柔软的成套布艺来装点客厅，同时在软装和用色上非常统一。韩式风格还偏爱带有现代感的、花朵图案的淡雅壁纸，它与线条柔美的白色家具十分和谐。

2.风格特点

（1）自然

　　受佛教的影响，韩式建筑或多或少都带有儒学的次第观念，但韩式风格的特色却更多地注重自然。韩式风格没有哥特式建筑的张扬感，它讲求静默融入自然，与自然的和谐统一，用料也会更多的选择天然材料。受韩国本土资源的局限，韩式风格大多会采用木、石材、贝壳等天然材料，以及绢、布、麻、藤等人工加工而成。韩式风格十分崇尚自然，这也造就了它的设计风格中都具备明媚的光线和色彩以及自然的空间体验。

（2）精致

　　韩式风格的建筑，在空间结构上没有中式的巍峨和宏伟，但是在细部装饰上却非常有亮点，无论是造型、结构还是空间上都在彰显着精益求精的设计内涵。韩式风格会特别重视空间的层次感，对于边余空间也尽量使其能够得到充分利用；家具做工也十分精致，尤其是古典家具，不仅配以简单雕饰和漆饰，且小巧、严谨；韩式风格的饰品也是简练且精致。

↑客厅内的家具无论是材质还是色彩都比较偏向自然化，地界面也是选用的木地板而不是稍显冰冷的瓷砖，整个空间气氛也会比较温暖。

↑开阔的厨房是韩式风格的特色，从窗外投射进来的阳光，映照着白色的橱柜，深色的木地板，整个空间都比较融洽。

←白色亲嘴鱼的家居饰品做工精致，鱼的表情和结构都十分细致，大小也都十分符合摆放在室内，不仅能增添自然气息，同时也能加深空间内的浪漫感。

（3）和谐

韩国传统文化受儒家思想影响颇深，在建筑设计上，室外环境讲究道家的师法自然思想，在室内环境的构建上则讲究内部的次第、和谐、统一，这也是韩式风格的特性之一。在房间和空间的分配上，韩式风格讲究主次排序和老幼排序；在色彩上，韩式风格不主张跳跃的色彩，各个空间内的色彩都比较统一，也比较和谐；在造型上韩式风格内敛不张扬，线条简练且层次分明；而在空间功能上，韩式风格则喜欢有共同的空间作为招待或家人小聚之用；在材料的选择上，韩式风格往往更注重天然材质，并合理搭配。

（4）含蓄淡雅的色调

含蓄优雅的韩国女性，喜欢含蓄优雅的色系，这一点在韩式风格中也有体现，韩式风格中经常会用到粉色、米色或者白色等浅色系，粉色显得含蓄，米色和咖啡色显得优雅，白色则象征纯洁与浪漫，这也是韩式风格所要展现的。

↑统一的浅色系中以白色为主打色调，搭配少量的灰色装饰品和彩色的花枝，空间既不会太过于单调也不会过于杂乱。

↑原生的木质材料制作而成的橱柜和储物柜本身就自带香气，自然感十足，再配上一抹淡淡的绿色，清新感扑面而来，厨房的油腻感也没有那么强烈了。

←清透的白色本身就会让人感觉十分洁净，搭配些许的亮黄色和草绿色，空间的色彩感就生动起来，浪漫气息自然就应运而生了。

3.设计手法

（1）运用花卉图案

花艺时常被运用到韩式风格中，韩国民众喜欢花，无论是植物鲜花，还是带有碎花的图案装饰都被她们所青睐。韩国女性也是插花高手，插花的手艺能给她们柔美优雅气质加分，因而在韩式风格的家居中也会摆放几盆鲜花，在家居的装饰上也会选择带有碎花图案的饰品或者家纺，以此来丰富空间，这也比较符合韩式风格自然的特性。

（2）巧用低矮家具

因为韩国和日本在地域上比较接近，所以生活习惯会有些许的相似，他们都喜欢与地面"亲近"，这种"低姿态"的特色，表现了韩国民众贴近自然的生活态度，由于习惯于这样的低姿态，在韩国民众的家中，一般不会见到很高很大的家具。而要在韩式风格中展现出这一点，则可以巧妙地应用低矮家具，根据空间结构来选择合适的家具，例如，在客厅中，可以选择高度大多接近于地面的沙发和茶几，也可以选用榻榻米来增强空间开阔感。

←鞋柜柜面运用了碎花图案，色彩比较鲜亮，搭配上鞋柜旁的小黄花，既能很好地清新空气，也能营造浓郁的韩式气息。

↑餐桌上的插花色彩各异，香气扑鼻，不仅具备观赏美，同时也为用餐增添情调，与紫色的餐桌套件搭配，高雅浪漫。

←低矮的沙发和茶几首先在视觉上不会对空间产生阻碍，具备足够柔软性的沙发即使高度比较低，躺上去也会十分舒适，空间的挑高在视觉上也会比较开阔，不会显得压抑。

（3）重视空间层次感

在空间布局上韩式风格会体现出日式的倾向，讲究空间的层次感，依据住宅使用人数和私密程度不同，可以使用屏风或木隔断作为分隔尺寸。空间装饰也会更多地采用简洁、硬朗的直线条，以此来反映出现代人追求简单生活的居住要求，也比较迎合了韩式家居追求内敛、质朴的设计风格。

（4）选对壁纸

由于韩式家具在设计上比较具有融合性，因此，在韩式风格的家居中不太适合搭配过于繁复的欧式复古风格的壁纸，建议选择具有浅浅的底色的壁纸，这样也会容易与整体环境统一融合。在色彩方面，主要以暖色调为主，比较自然的颜色也可以纳入选择范围内，例如淡淡的橘黄、嫩粉、草绿、天蓝、浅紫等色，这些清淡的、水质感觉的色彩，能让屋子散发出绝对自然放松的气息。

↓水晶珠帘在韩式风格中也是很好的隔断工具，不仅美观，也不会使空间过于封闭，珠帘的色彩选择也比较多样化，能够很好地满足公众需求。

↑镂空的木屏风镶嵌在隔墙中，一是丰富了隔断的形式，二是达到了虚实结合的效果，使得餐厅和玄关自然分区，也与顶棚相呼应，空间层次感更强烈。

←粉色碎花壁纸，粉色床幔，粉色公主床，粉色抱枕，浓浓的浪漫气息扑面而来，搭配白色的家具，绿色的装饰盆栽，色彩各异的玩具和饰品，空间的形式感也变得更丰富。

4.不同空间的设计形式

（1）客厅

客厅作为待客区，一般要求简洁明快，同时色彩要求较其他空间要更加鲜明，在韩式风格中，一般会在客厅使用大量的石材和木饰面装饰。而客厅的家具，则通常以纯白色为主，在客厅还可以摆放两盆植物，墙面也可以挂上具有韩式风格特色的装饰画，以此作为点缀。

←仿古艺术品、仿古墙地砖、石材以及各种仿旧工艺都会出现在韩式风格的客厅中，这种仿古材料的叠加，也体现出了韩式风格浓郁的历史气息。

→客厅的墙面可以选择浅黄色的壁纸，浅黄色给人以轻快、透明、充满希望和活力的色彩印象，地面可以选择浅色的仿古砖或大理石。

（2）卧室

韩式风格的卧室布置比较温馨，作为私密空间存在，主要以功能性和实用、舒适为考虑的重点，卧室的墙面会选取浅黄色且带小碎花的壁纸进行装饰，而床上用品也继续采用浅黄色且带小碎花布艺的产品，这样在色调上就能达成统一。卧室里的家具也要选择白色的，为了丰富卧室的空间内容，还可以在卧室内合适位置摆上一个精致的花瓶，或者盆栽之类的作为点缀，同时也能给空间增加浪漫和温馨感。

→浅黄色的碎花壁纸带来自然清新感，拱门上绿色的爬藤和浅黄色的墙面互相映衬，整个氛围都十分宁静，很适合休憩和安静思考人生。

（3）书房

韩式风格的书房比较简单实用，但软装也颇为丰富，沙发、小绿化、书画、装饰画等都可以放置在书房内，只要合理陈设，空间就会格外有韵味。书房的墙面同样可以像卧室取经，采用带有小碎花的浅色壁纸，再搭配上白色的书柜和书桌，如果空间足够的话，还可以放上一个白色木架子，以便于摆放工艺品之类的物件。

（4）厨房

韩式风格的厨房一般是开放式的，由于每个人的饮食、烹饪习惯不同，在设计时需要依据使用者习惯设置一个便餐台在厨房的一隅，还要具备功能强大又简单耐用的厨具设备，例如水槽下的残渣粉碎机。除此之外，厨房在装饰上也有很多讲究，在墙砖和地砖以及橱柜等的选择上也要注意和整个空间相搭配，例如可以选择仿古的墙砖，橱柜可以选用实木门板，门扇可以选择白色模压门扇等。

空间形式

第1章 风格的延续与创新

第2章 地域与风格的碰撞

第3章 设计与自然相融

第4章 新与旧的交锋

第5章 风格与生活的结合

←书房的墙面上可以挂上古老字画，以增加书香气和象征主人过去的生活经历，这并没有和韩式风格的特色相违背，同时也别忘了在书房中摆上一棵绿色植物，还有窗帘也是需要的。

→书房白色的书柜和白色的书桌搭配着顶棚白色的石膏线条，在色彩上有了统一，白色是韩式风格常用的色彩，在书房中也得到了体现，无论是色彩，还是线条，也都十分协调。

←厨房是烹饪菜肴的地方，需要有一个干净明亮的环境，韩式风格的厨房更多地会选择浅色的仿古墙砖，再搭配上白色的家具，空间也会显得更明亮宽敞。

5.韩式田园风格

韩式田园风格同属于韩式风格，色彩多以淡雅的板岩色和古董白居多，主要突出清婉惬意的格调，外观雅致休闲，随意涂鸦的花卉图案也是它的主流特色，线条随意但注重干净干练。韩式田园风格不仅注重家庭成员间的相互交流，同时也注重私密空间与开放空间的相互区分，重视家具和日常用品的实用和坚固。韩式田园风格摒弃了繁琐与奢华，兼具古典主义的优美造型与新古典主义的功能配备，既简洁明快，又便于打理，也更适合现代人的日常使用。

（1）风格特性

现代居室中的韩式田园风格倡导回归自然，只有结合自然，才能在当今快节奏的社会生活中获取生理和心理的平衡。在现今这个人们对于人类城市扩张迅速，城市环境恶化，人们日渐互相产生隔阂而担心的时代，韩式田园风格迎合了人们对于自然环境的关心、回归和渴望之情，这造就了韩式田园风格在当今时代的复兴和流行。

←韩式田园风格的居室会通过绿化将居住空间变为绿色空间，可以结合家具陈设等布置绿化，或者做重点装饰与边角装饰，以此来丰富空间。

→韩式田园风格的家具通常具备简化的线条、粗犷的体积，选材也十分广泛，例如实木、印花布、手工纺织的尼料、麻织物以及石材等。

韩式田园风格力求表现悠闲、舒畅、自然的田园生活情趣，在韩式田园风格里，粗糙和破损是允许的，因为只有那样才更接近自然。在织物质地的选择上也更多地选择棉、麻等天然制品，其质感正好与乡村风格不饰雕琢的追求相契合，有时也在墙面挂一幅毛织壁挂，表现的主题多为乡村风景。韩式田园风格的材料也崇尚自然，如砖、陶、木、石、藤、竹等，越自然越好。

图解小贴士

韩式风格的应用范围

目前，韩式风格主要应用于家居空间、餐饮空间、服装店、美容店、健身房以及部分休闲空间等，在运用韩式风格时要把控好其设计要素，选择适合空间发展的设计形式。

（2）家具要点

1）家具搭配。 韩式田园风格更多地选择纯实木制作的家具，并同时要注意搭配合适的配饰，例如，以白橡木为骨架、外刷白漆的沙发，搭配花花草草的软垫，坐起来舒适也不失美观。还有比较常用的全布艺沙发，这种沙发通常都没有拐角，图案多以花草为主，颜色都比较清雅，可以搭配木制的浅纹路茶几，整体也比较协调。如果室内的装修色彩比较花哨，为了统一色彩，可以搭配纯木制条格椅，刷上白漆，在起到平衡色彩的作用的同时也能体现出韩式田园风格的自然、和谐。

2）家具特色。 韩式田园风格的家具整体造型会显得比较粗犷，但同时却能让人感觉到平和而容易接近。韩式田园风格的家具材质多为柚木，光亮感强，也有椰壳、藤等材质的家具，一般做旧工艺较多，且大部分会配有雕花。

←韩式田园风格在选择家具时除了在家具纹样上要互相搭配，家具的材质，所展现出来的厚重感，色彩饱和度等都要彼此搭配。

→家具搭配得当会使空间立体感更强，可以选用适当的绿植，照片墙、盆栽或者其他艺术挂件等来给家具做陪衬，不同材质的家具所选的配饰也会有所不同。

→柚木材质的座椅在视觉上给人一种透亮的感觉，配上带有花卉图案的椅面，田园气息十足，墙面碎花壁纸也给空间增添了不少清新感。

　　3）**家具色彩运用**。韩式田园风格的家具多以白色为主，木制的较多。有选择带坐垫的椅子，也有选择不带坐垫的椅子，木制表面的油漆或体现木纹，或以纯白瓷漆为主，但不会有复杂的图案在内。桌椅在搭配时摆放不完全规矩，以一种轻松的分布局势排列在居室内，更能体现出韩式田园风格的特色。坐垫的布艺图案也是根据整体风格来定的，选择的当然还是以花草为主，以体现出乡村的自然感。

　　4）**家具设计要素**。韩式田园风格设计上讲求心灵的自然回归感，给人一种扑面而来的浓郁气息，将一些精细的后期配饰融入到家具的设计风格之中，能够充分地体现设计师和使用者所追求的一种安逸、舒适的生活氛围。当韩式田园风格与欧式风格相混搭时，要注意合理运用饰品和花卉等来平衡欧式风格所具有的繁华感。

←餐桌、餐椅均以白色为主色调，餐桌脚和餐椅脚均绘制有不同形式的纹样，以此来平衡大量单色带来的单调感，同时与红色的仿古砖也有了对比。

→原木色的家具同样是韩式田园风格考虑的对象，原木色较之其他的色彩更能体现韩式田园风格的自然特性，与沙发的粉色碎花图案相搭配，自有一种统一感。

←家具最重要的一点是要具备实用性，其次是美观性，适量的花草和艺术品的点缀，会让整个家具不会显得那么单薄，在韩式田园风格的家居中要格外注意这一点，不要与其他风格乱混。

5）**家具要具备实用性**。韩式田园风格的家具是以人为基础设计的，家具必定是需要具备实用性的。这里的实用性与以往不同，主要包括两个方面，第一个是形式上的实用性，既家具的材料、色彩、造型等能够起到调节空间的作用，第二个就是家具要具备一定的功能性，可以多选择具备多种功能的家具，例如可以做餐台，也可以做工作区的可抽拉餐桌等。

6）**家具要具备现代感**。韩式田园风格的家具要与时俱进，要能将现代与古典的优美结合，通过家具来展现出充满浪漫情调的韩国风情，在满足人们追怀恬静田园生活的需求的同时还需要具备一定的现代感，现代感的家具可以给韩式田园风格增添不少科技感和时代感。

在家具的设计上可以选择造型比较简约的，在家具材料的选择上则可以更多地选择原木与新兴材料相结合的家具，这样空间整体也会比较有设计感。还可以选择具备现代感的家具小模型，这样不仅给室内增添了很多装饰作用，同时也能充实空间。

↓有的韩式田园风格的家具不仅具有创意性，同时也具备多功能性，这种类型的家具也可以很好地满足家居生活中不同的需求。

↑以原木材质制作而成的座椅，无论是原木漆还是不规则的造型，都表现出了一种轻松的生活态度，很好地将家具与韩式田园风格相融合。

→韩式田园沙发一般设计古典，色泽淡雅，简洁明亮、简约、流畅，线条分明，所用的材料也能让人觉得现代感十分强烈。

2.3 我国台式风格

台式风格顾名思义就是我国台湾地区室内设计的一种装修风格。受台湾地区地域风情的影响，台式风格也颇具传统民风特色，且能体现出一种大气和对称感。台式风格注重的是表现出室内空间简约、自然的感觉，没有纷繁复杂的装饰，仅用质朴的色彩加上线条感极强的设计手法，简简单单的感觉便能造出很有质感的空间，这种不一样的设计思路，也让大家眼前一亮。

1.源起

台式原本是源于江浙上海一带的江南名居名词，也是一种生活态度，低调、舒适、雅致，简单却也温馨。台式风格在某种意义上也是江浙一带民风的体现，浙北与苏南位于太湖流域，这里气候湿润，无严寒酷暑，唯夏季有一段湿热的梅雨季节。在这种良好的自然条件之下，房屋的朝向多南或多东南，台式建筑受其气候以及地理环境的影响多以不封闭式为主，在平面与立面的处理上也非常自由灵活，悬山、硬山、歇山、四坡水屋等元素都有被应用到。

近几年，台湾的设计风格开始流入内地，台湾设计师在吸收本地元素的基础上，开始结合国际潮流，形成了自己的风格特色，这让很多人看到了不一样的风格。这也得益于民族文化的开放性，这种开放性让很多的艺术都散发出自己的魅力。

相对于日式风格，台式风格更偏向中国古典文化，一般会在家里摆置很多艺术品，例如颇具特色的摆件，装饰画等，使室内空间充满了艺术气息。台式风格的家居会大量运用色彩和仿旧方式来营造古朴气息，在工艺上也并不会采用复杂的雕饰或镂空设计，仅仅用小小的摆件也能将整个房间中的中式内敛古朴的神韵表现得淋漓尽致。

↑台式风格的室内空间装饰比较简约、工整、自然，同时具有开阔通透的空间感受，简单而不浮夸的室内装饰以及精致完美的细节表达，这些都在随时传达着主人的格调与品位。

↑台式风格很好地吸收了本土和日式文化的特点；并结合了多地文化的精髓，虽然没有复杂的线条，但是空间利用率高，整个空间比较简洁，简单，视觉感受也很舒畅。

2.风格特点

（1）自然、对称

台式风格不喜欢刻板印象，主张使用自然风味、复古仿旧的家具，但同时家居中也从来不缺乏现代感十足的家具和装饰品，在色彩的选择上也以自然的色彩为主。台式风格还讲求大气、对称，要使空间整体比较敞亮，既有高贵、优雅的姿态，也富有时尚的现代气息。

（2）中国风

台式风格中的某些元素仍然会比较偏中国风，在家具的选择上也依旧会选择部分带有中国古风特色的家具，以此来彰显台式风格古朴的特色，同时在选择装饰品或者隔断上面，也会选择带有中国风纹样的。现今的台式风格虽然融合了不少现代的时尚元素，但对于传统的特色因子却没有随意丢弃，反而取长补短，巧妙地将两者进行结合，创造了既富有创新性又具有传承性的台式风格。

→台式风格在追求自然的同时也要求比较时尚，在选择色彩时，建议选择比较纯净的色彩，会显得整个空间比较干净。小件装饰品的色彩选择可以以自然中景物的色彩为参考。

←对称不仅仅只代表实体的对称，同时还有形式、材质以及色彩等的对称，在宏观上可以进行实体的对称，微观上则可以通过装饰品、家纺等来进行对称。

←台式风格中所运用到的中国风家具在风格上比较类似于明清时代的家具样式，但在工艺上并不采用复杂的雕饰或镂空设计，反而造型会比较简单，也能更好地和时代融合。

（3）开放美学

台式风格在设计上会比较重视开放性的美感，设计规划上以白色作为室内的主要背景基调，借以延伸出时尚的优雅意趣。在台式风格的家居中会利用多功能区木地板的架高延伸以及原木做柜体的台面来形成第一、二级踏阶，在视觉上，空间的层次感也会更强。家具软件也主要以清浅颜色铺排，避免让繁复的元素形成空间的压迫感，会比较重视楼梯踏阶衍生的视觉焦点，台式风格会将连接上下楼层关系的楼梯，以通透、水平的意象规划成为开放区域中的装置艺术表现，这种设计同时也符合舒适、利落的动线规划，通透的扶栏界面，也能强调楼梯量体的轻盈质感。

（4）真实感

台式风格中所表现的真实感主要包括两点，一是指色彩的真实感，色彩没有失真，比较纯净，比较接近自然；二是指触感的真实，这个主要表现在所选家具、家饰、瓷砖等的纹样上，例如，可以刻意挑选不工整的砖块，这种有自然凿痕的材料触感会更为真实。真实感能够更深入地增强使用者的参与感与共鸣感，也能更大程度地发挥出台式风格的魅力。

融入
美学

←客厅、餐厅和厨房可以利用开放的格局表现，铺排利落流畅的动线与机能，来展现出空间的层次感，也能很好地满足使用者的生活需求。

↑台式风格以开放式隔局为主的设计，可以营造出通透、开阔的环境表现，同时明亮的颜色搭配光源充足的灯光设计，也能构建一个敞朗而明亮的空间。

←要体现真实感可以从硬装和软装上下工夫，卧室内棱形的软包背景墙凹凸有致，触摸起来非常有感觉，床单选择丝绒材质，手感很滑润，使用感也比较好。

3.不同空间的设计形式

（1）玄关

台式风格的玄关多采用古朴式装饰，古色古香的窗，洁白的台面，一个散发柔和光芒的台灯，所有的装点只为了窗台上那一枝盛开的花，整个空间内都静静地展现着含蓄内敛的美。朴素、大方的台式玄关也体现了使用者高雅、时尚的情调。

（2）客厅

台式风格的客厅首先要体现一种大气和对称，古香古色的壁画或者在沙发旁配上两个分立的中式台灯，又或者将客厅中间沙发上方的横梁装修成屋檐式，都能将这种特色展现出来，其次色彩既可以选择白色为主色调，也可以选择更活泼的色调，以此来丰富空间氛围。

↑简单、素雅的色调更能体现出台式风格的大气与时尚，玄关处的大幅装饰画以黑白色为主调，搭配少量的蓝色，整幅装饰画在灯光和白墙的映衬下，显得玄关相当有格调。

↑木格栅的背景墙，富有悠闲气息的装饰画，光滑如镜的瓷砖，再配上白瓶红花，整个空间古风韵味十足，同时白色的木柜又给空间增添了不少现代感，二者结合，十分融洽。

←鲜亮的绿色，代表着充沛的活力和自然的生机，沙发的素净色和各色的抱枕有序地进行排列，同时客厅与其他空间区域并没有完全封闭，整个空间也因此显得更开阔。

（3）餐厅

台式风格的餐厅与客厅有许多相同之处，餐厅需要营造一个良好的用餐氛围，因而对灯光的要求会比较高，同时对于清洁度和气味的要求也很高。一般台式风格的餐厅都会选择原木制作而成的家具，其色彩比较自然，同时也可以适量放置一些带有清香的花枝，既起到烘托用餐氛围的作用，也能清洁空气，装饰空间。

（4）卧室

卧室是休憩的区域，所有风格都必须要能够营造一个宁静的环境，台式风格也应如此。台式风格的卧室在设计上偏中式，但空间内并没有繁杂的雕饰，也没有过多的镂空设计，因此显得简单又大方，所营造的氛围也比较安静，让人不自觉的就能沉静下来。卧室内的家具色彩选用象征纯净的白色和颇具中式神韵的颜色，阳光和灯光的运用也恰到好处，整体室内环境十分舒适。

设计
形式

↑镂空的博古架富有古风气息，同时也能营造一个既不完全封闭又具有一定隐私性的空间。灯罩与餐桌的色彩一致，均为深色系，搭配浅色系的酒柜，形成了很好的对比。

↑浅色系的灯罩搭配浅色系的餐桌，色彩比较统一，白色的墙面干净、简洁，时尚感十足。同色的艺术装饰瓶与灯具和墙面在中线视觉上有了协调、统一，整个空间气氛也能让人心态平和。

←落地窗带来大面积的自然阳光，卧室内白色的卷帘，棉麻材质的床单，白色的抱枕，白灰相间的背景墙，连床榻都是具有凹凸感的皮质材料，触感十分真实，所有元素都各得其所，整个氛围十分静谧。

2.4 我国港式风格

港式风格顾名思义就是我国香港室内设计的一种装修风格。香港经济繁华，港式风格受其地域、文化以及经济等因素的影响，色彩大多会选择比较冷静的色调，以此来表现现代感。各类装饰造型也都非常简单，而为了平衡空间视觉感，港式风格还会选择一些合适的家居饰品来协调和中和这种色彩带来的冷淡感。

1.源起

港式文化以及港式风格，实际上并没有一个完整的定义，它是一种区域文化和一种理念的具体表现，要想充分展现港式风格的魅力，必定是要对香港历史和香港独特的地域文化有所了解的。香港是中国的东方明珠，香港自秦朝起就明确成为中国领土。

第二次世界大战后，香港经济和社会迅速发展，成为了全球最富裕、经济最发达和生活水准最高的地区之一，素有东方购物天堂之称。

香港地域狭小，所以建筑相对比较密集，空间也相对狭小，受其影响，港式风格在设计细节上要求很高。港式文化属于多源头文化，受码头文化和殖民地文化的影响，港式风格对于钢性材料与线性材料的运用也达到了极致。

↑香港因受外来文化的影响，能够接受不同的设计风格，并能很好地互相融合，港式风格也因此具有丰富的设计元素。

↑香港商业发达，人们在工作以及生活上节奏很快，港式风格为了满足大众需求，设计上也要求简洁明了。

图解小贴士

家居是体现一个家的风格及主人的生活品质内涵的外在表现，选择合适的家具，协调搭配好家具和色彩是非常重要的，此外，还可辅以合适的后期软装饰让家更有品位，让生活更有层次。

2.风格特点

（1）冷静的色彩

港式风格的家居一般都会采用比较冷静的色彩，大部分都是以黑、灰、白等暗色系为主色调，为了提亮空间，平衡空间色彩，可以选择色彩较为丰富的灯具中和这种灰暗的色调，灯具所提供的柔和、偏暖色的灯光也能让整体素雅的居室不会有太多的冰冷感。港式风格还会选择颜色鲜亮的，例如淡粉色、蓝色或者果绿色等来丰富空间的色彩，室内装饰的线条也比较简单大方，而不会太过繁杂而影响了整个室内环境的平静感。

（2）自然简洁

港式风格的最大特点之一便是简洁和自然，自然的木质色调能使居室充满休闲的氛围,而这恰恰也是被都市生活所累的公众所要追求的，日益繁杂的工作导致公众会偏向于简洁的设计。休闲的藤制沙发配合白色软垫，再搭配上仿古地砖,室内空间俨然一副和谐、宁静的景象；原木色的家具，搭配色调古旧的电视柜，畅通的行走路线，室内空间区域布置得十分简洁自然，空间内各元素不论是色彩还是材质都十分和谐。

→鲜艳的红色花枝不仅是很好的观赏物件，同时也能与空间内的主色调搭配，提亮空间。

←冷色调的黑、白、灰能够很好地使人沉静，调节人的心态，同时也能表现出时尚感和现代感。

←开放式的客厅仅用镂空的隔断就巧妙地将餐厅和客厅分离开来，客厅绿色的皮质沙发与以往不同，颇具视觉新鲜感。绿色椭圆几上陈设的绿色盆栽也很好地缓解了视觉疲劳。

（3）时尚感

港式风格多以金属色线条感营造金碧辉煌的豪华感，简洁而不失时尚，但金属色和线条的大量应用必定会带来冰冷感，这与港式风格最初的设计目的也相违背。在实际的家居中，会更多地选择具有现代气息，创意性较强的装饰品、挂件、家具等来中和金属色和线条带来的坚硬感和冰冷感。

（4）轻奢感

轻奢是港式风格的最佳代名词，既追求室内环境的美好，也追求更高的生活品质，同时它也是一种生活态度，港式风格也因此显得低调、舒适却无伤高贵与雅致，追求华美却不会产生赘余与奢靡感。在港式风格的家居中，除会用金属色和线条感来营造雅致与奢华，同时也会穿插各类石材、不锈钢、镜面、硬包、马赛克等材质，通过不同材质带来的强烈质感来表现新时代年轻人对生活品质的追求，以及对生活态度的坚持，这些有趣的元素融合在一起，总能营造出港式风格独有的美好。

↑客厅台灯虽然以黑色金属支架为灯座，但造型颇为有趣，形似小蒜头。沙发背景墙处的绿色壁纸也减缓了金属色带来的冰冷感。

↑柔软的沙发、抱枕等可以有效地缓解线条带来的坚硬感，白色的陶瓷摆件配合柔和的灯光，色彩不会很跳跃，又能很好地丰富空间色彩。

←轻奢不仅仅只代表雅致，同时也可以灵动而不失活泼，小而精、精而美、美而奢。个性化的装饰画搭配颠覆刻板印象的黑白线条，空间既充满潮流气息，也具有令人为之驻足的艺术美感。

3.设计手法

（1）注重细节

细节决定成败，港式风格很少走另类或偏激路线，对每个度的把握都十分精准，即使是很小的空间，也能将各元素完美地融合在一起，港式风格往往是在考虑实用的基础上，再去考虑艺术性。

（2）注重功能性和实用性

在港式风格的家居中对于餐厅的处理是需要特别注意、仔细搭配的，对于餐桌上的餐具也是需要精心挑选的。在港式风格的设计中，家居中的所有用料、家具等大部分都十分精致，这也是港式风格轻奢感的体现，因此，在选择餐具时也应该尽量选择做工比较精致的瓷器、陶艺等来和整体空间相匹配。在餐具的色彩和造型上，可以选择色彩丰富一些的，例如深红色、宝蓝色、深灰色、深紫色等，这些色彩都能营造良好的轻奢感和时尚感，同时也不会让餐厅失去原有的高贵感。

←布艺沙发、金属角几、皮质箱柜以及树枝灯具等，处处都是满足年轻群体追求高品质新生活的细腻手法，处处都体现着细节处的用心。

↓对于空间结构的细节处理同样也是港式风格的设计手法，例如隔断的样式选择，转角或者沙发边空余空间的合理运用。

←富有纹样和色彩的餐具不仅可以很好地丰富用餐环境，增强用餐氛围，同时也能装饰餐厅，陶瓷餐具更能赋予餐厅时尚感。

（3）巧用布艺创造跳跃的层次

　　一般港式风格的家居中的沙发多采用灰暗或者素雅的色彩和图案，布艺也主要是沙发靠垫和床上用品在发挥作用，因此沙发靠垫可以尽可能地调节沙发的刻板印象，色彩可以跳跃一些，但不要太过，色彩亮度值只需比沙发本身的颜色高即可。床上用品可以运用多种面料来实现层次感和丰富的视觉效果，比如羊毛制品、毛皮等，高雅大方，既调节卧室或者客厅的整体印象，又与整个居室协调一致。

（4）选用柔和的灯光

　　由于港式风格的家居大多都采用黑、灰、白等内敛色调，因此选择比较柔和的灯光也能让整体素雅的居室不会有太多的冰冷感觉，暖色调的灯光既能给予人温暖的感觉，同时灯光也不会太过刺眼，不会让空间环境显得过于苍白无力，从而破坏了港式风格所要展现的高贵美。

↑客厅白色沙发上蓝色的以及黑白相间的抱枕很好地缓解了大面积的白色可能会带来的单调感，同时也与墙面上的以蓝色为主色调的艺术画相呼应。

↑卧室的床上用品，既有毛绒制品，又有蚕丝制品，从材料上就较有跳跃性，同时卧室储物柜上的艺术品从视觉感官上看也有毛绒感，和床上用品十分搭配。

←淡粉色的墙面，红色的储物柜，糖果绿的沙发，茶色的艺术摆件，色彩各异的装饰画，这一切在灯光的照射下，将港式风格的魅力展现得淋漓尽致。

🏛 **图解**小贴士

　　港式厨房给人的感觉现代，功能强，多以金属色泽体现港式厨房的特色。色彩线条简单的餐桌椅，整体色彩以灰白色系为主。

4.现代港式风格

现代港式风格在处理空间方面强调室内空间设计的宽敞性，在空间平面设计中追求不受承重墙限制的自由，在空间上讲求通透，倡导餐厅与客厅一体化或者开放式卧室等设计，地面与墙壁或者装饰品都要求简单精致，质地的要求也很高。

现代港式风格注重居室的实用性，且设计能体现出工业化社会生活的精致与个性，符合现代人的生活品位。现代港式风格也十分注重简洁和实用性，家居中墙面、地面、顶棚以及家具陈设乃至灯具器皿等均以简洁的造型、纯洁的质地以及精细的工艺为特征，强调形式应更多地服务于功能。此外，钢化玻璃的大量使用，以及不锈钢等新型材料作为辅助材料的出现，也是现代港式风格比较常见的装饰手法，能给人带来前卫、不受拘束的感觉，也能让人感觉到自由感。

现代特征

←现代港式风格讲究空间的整体通透性，家居中也会更多地使用开放式空间来增强室内的开阔感。类似于玻璃这类透明介质，也慢慢在现代港式风格的家居中开始被使用。

↑现代港式风格讲求空间内既简洁但又不失精致感，空间内的各界面无论是从色彩也好，材质也好，造型也好，都需要质地纯真、自然，且造型简单，不会令人感觉到繁杂。

←现代港式风格的卫生间要表现出现代感和舒适感，还要体现出生活品质。黑白色的瓷砖能够突出强烈的现代感，整体色彩由黑色、白色以及略透明色组成，视觉上令人感到舒适、时尚。

现代港式风格的两个基本特点便是实用与简洁，这一点频繁被提到。在追求实用性的同时，现代港式风格还要体现出现代化社会的个性与精致，以及对于个性化的追求，这样才能使设计更加具有人性化，也能更被大众接受。而不同的空间所需要的功能要求也不同，因此，在具体设计时要依据空间结构和实际情况来表现现代港式风格的特色。

↑现代港式风格的客厅在布置上比较简洁，以开放式为主，比较注重电视背景墙和电视柜的设计和选购。墙面多选用白色为主要颜色，也会使用比较特别的线条设计来展现现代港式风格的前卫与时尚。在具体表现风格魅力时还强调通过大量的软装搭配，来让整个客厅不会显得单调。

↑现代港式风格的卧室一般色彩都比较简洁明快，能够给人一种温馨的感觉，通常卧室内会运用白色为主色调，再配以其他简洁明快的色调来进行点缀。卧室内的毛绒玩具也能很好地增加温暖感，整个室内空间比较静谧，无论是墙面、地面、家具等，都是以简洁为主，追求一个舒适的休息空间。

←现代港式风格的厨房功能强大，墙面色彩细腻、淡雅，橱柜、电器的选购和摆放非常具有实用性，而且清晰整洁。现代港式风格多以金属色泽来体现港式厨房的特色，各种现代化用品，橱柜、电器的选择和摆放非常具有实用性，整洁有序。

🏛 **图解**小贴士

现代港式风格家居搭配

　　布艺沙发环绕深色木几，能够有效地营造视觉中心，随意摆放的靠垫能够增强亲切感，室内可以选择蓝色调与白色调协调统一，能够给人一种强烈的现代感。

5.乡村港式风格

乡村港式风格主要是由自然乡村的生活方式演变到今日的一种形式，它在古典中同时还带有一点随意，并且摒弃了过往设计中的繁琐与奢华，既简洁、明快，又温暖、舒适。乡村港式风格将装饰与应用结合于一体，在色彩运用上，常选择柔和高雅的浅色调，映射出田园风格的本义。

乡村港式风格有着古老历史的拱状玻璃，擅长采用柔和的光线，搭配原木的家具，用现代工艺呈现出别有情趣的乡土格调。乡村港式风格非常重视生活的自然舒适性，因此一般会选择比较自然的柔和色彩，在组合设计上也很注重空间搭配，讲究充分利用每一寸空间，在组合搭配上避免琐碎，整体空间也因此显得大方、自然，散发出古老尊贵的田园气息和文化品位，也充分显现出了乡村的朴实风味。布艺是乡村港式风格中非常重要的运用元素，本色的棉麻是主流，布艺的天然感与乡村风格能很好地协调。在营造舒适和随意的氛围上，可用一些简单的小物件，如摇椅、小碎花布、野花盆栽、小麦草、水果、瓷盘、铁艺制品等，这些都是乡村港式风格中会运用到的元素。

↑乡村港式风格和田园风格有些类似，但却更注重时尚性以及自然性。在室内空间内可以适量选择一些原木家具来展现风格特色。

↑棉麻材质的沙发本身就给人很好的触感，浅色系能缓解人的紧张情绪，布艺自带的天然感也能很好地展现出乡村港式风格的魅力。

←碎花布、小水果、铁艺制品，乃至野花盆栽，这些元素都能给室内带来朴实的乡村印象，同时这些元素也是乡村港式风格中频繁运用到的，使用时把控好比例即可。

6.英伦港式风格

英伦港式风格强调的是一种奢华与精美，追求高贵与典雅，它很好地将英伦元素与香港传统的港式元素进行融合，从而形成了一种新的装修风格。

英伦港式风格将英伦元素充分与本地人生活有机融合，让设计的功能性与实用性相平衡，满足本地人既想拥有英伦风格家居环境的梦想，但又能完美地契合本地人的生活习惯，这种风格强调以华丽的装饰、浓烈的色彩以及精美的造型等来达到雍容华贵的装饰效果。

英伦港式风格的客厅顶部一般都喜欢用大型灯池，并用华丽的枝形吊灯营造气氛，同时也善用家具和软装饰来营造整体效果。深色的橡木或枫木家具，色彩鲜艳的布艺沙发，浪漫的罗马帘，精美的油画以及制作精良的雕塑工艺品等，这些都是英伦港式风格常用的元素。

英伦港式风格的客厅门窗上半部多做成圆弧形，并用带有花纹的石膏线勾边，入厅口处也多竖起两根豪华的罗马柱，室内则设计有真正的壁炉或者装饰性壁炉造型，墙面一般选择用壁纸或选用优质乳胶漆，以此来烘托豪华效果，地面材料则以石材或地板为佳。

↑英伦港式风格追求华丽的视觉效果，在色彩的选择上也较为鲜明浓烈。在家具的选择上主要以拥有精美的工艺和奢华的造型为主。

↑英伦港式风格所要营造的是高贵典雅的古韵氛围，比较强调华丽的装饰，无论是色彩还是造型都比较奢华，有格调。

←英伦港式风格中所运用到的厚重窗帘、建筑装饰画、古典沙发、留声机均可以有效装饰室内环境，提升空间品位。

2.5 东南亚风格

东南亚风格是一种结合了东南亚民族岛屿特色以及精致文化品位的家居设计方式，在东南亚风格中会广泛地运用木材和其他的天然原材料，例如藤条、竹子、石材、青铜以及黄铜等，也会选择深木色的家具，并在其局部采用一些金色的壁纸或者丝绸质感的布料，比较适宜喜欢静谧与雅致、奔放与脱俗的装修业主。

1.源起

东南亚地区囊括了多个小型国家，丰富的热带雨林资源和岛屿地区使他们形成了自己独有的民族文化，东南亚地区以自然之美和浓郁的民族特色风靡世界，装饰品取材也别开生面，而绚丽的色彩也使东南亚风格的家装文化有了自己个性的表现。

东南亚风格起源于东南亚一带，而国内所流行的东南亚风格则起源于珠三角地区，这是由于珠三角距离东南亚比较近，受其影响，二者其实差别不大。东南亚风格之所以如此受到民众的喜爱，和其独有的魅力及热带风情息息相关，这种风格具有地域原汁原味的味道，风格注重手工工艺，且拒绝同质的乏味，所有的设计元素都十分讲究，在盛夏给人们带来东南亚风雅的气息，令人不禁心旷神怡。

↑东南亚风格结合了东南亚民族岛屿的特色以及精致文化品位的设计，它完美地将奢华和颓废、绚烂和低调等情绪结合，让人沉醉于它的魅力，无法自拔。

↑东南亚风格在配饰上，会选择那些别具一格的东南亚元素，例如佛像、莲花等，这些都能使室内空间散发出淡淡的温馨与悠悠禅韵。

东南亚不缺乏有许多有创意的民族，也不缺乏独特的宗教和信仰，在东南亚，随处是人面具、多宝神器、羊皮、花器、火焰、木雕等，让人眼花缭乱，东南亚风格也会受其影响，成为一种能够接近自然，能够抒发身心的新潮风格，但必须要注意的是在户型上，东南亚风格比较适合建筑面积大于120m²以上的大户型居室。

2.风格特点

（1）取材自然

东南亚风格崇尚自然、原汁原味，所选择的设计元素通常会以水草、海藻、木皮、麻绳、椰子壳等粗糙、原始的纯天然材质为主，带有热带丛林的味道，在色泽上也倡导保持自然材质的原色调，主要以原藤原木的原木色色调为主，或多为褐色等深色系，在视觉上也能给人以泥土与质朴的气息；所选用的家具、饰品等均以纯手工编织或打磨为主，完全不带一丝工业化的痕迹，纯朴的味道尤其浓厚，颇为符合当今民众追求的健康环保、人性化以及个性化的价值理念。

（2）中西结合

随着国际市场的不断开拓，东南亚风格的家具在设计上逐渐开始融合西方的现代概念和亚洲的传统文化，通过不同的材料和色调搭配，使得东南亚风格的家具在保留了自身特色的前提下，还产生了更加丰富多彩的变化，更是在融入中国特色之后，东南亚风格的家具开始重视细节装饰的设计，东南亚风格也越来越受到人们的欢迎。

东南亚风格的家居可以使用原木的天然材料来搭配布艺，对室内进行恰当的点缀，这种形式非但不会显得单调，反而会使气氛更加活跃。

手工制作的编织品和雕刻品会更有肌理感，同时也能就地取材，符合当今大环境下的环保设计的绿色理念。

←东南亚风格的藤制家具主要是采用两种以上不同的材料混合编织而成。一般是藤条与木片或者藤条与竹条，材料之间的宽、窄、深、浅，都能形成有趣的对比，各种编织手法的混合运用也使得家具作品变成了一件手工艺术品，颇具国际特色。

（3）宗教信仰

佛教在东南亚地区十分盛行，因此东南亚风格的家居也会带有一定的宗教气息，会运用佛教传说为设计的灵感来源，或者是当地宗教的圣物来作为艺术品的创作主题。例如，在泰国，带着宗教性质的大象形象，常常会出现在身披花纹艳丽的布匹中，或者出现在具有民族特点的金银饰品中。

↑东南亚地区的民众十分崇尚宗教，东南亚风格受其影响颇深，通常会在家居生活中运用大量的宗教颜色，例如大红色、嫩黄色以及彩蓝色等，这样搭配出来的效果也比较绚丽。

↑东南亚风格的家居中也会有浅色调的搭配，使用频率比较高的就是象牙白以及珍珠色等色调，这些浅色调可以很好地表现出蕴含在东南亚风格中高贵、神秘的宗教元素。

（4）富有禅意

东南亚风格中的家装饰品大部分都带有古朴的禅意，室内装饰物也大多没有经过细致的打磨和雕刻，通常会直接使用海藻、椰子壳等最自然的形态，并将其做成装饰物，即使是一个竹节裸露的竹制相框，也会给人一种浓浓的禅意。此外，纯天然的摆件也是东南亚风格中必不可少的一部分，仅用简单的干草编制花篮，再将一粒粒咖啡豆串在一起做成小装饰，也具有无限的美感。

←东南亚风格中会更多地使用暖色来点缀房间，以此来中和原生态家具带来的单调感，同时东南亚风格又具有活泼的气质，所以，房间中除了褐色、深绿色的家具以外，还会有色彩鲜艳的布制品使房间活跃起来，这也比较符合东南亚人民的热情。

（5）精美饰品

精美的饰品是东南亚风格的家居中必备的物件，大红色的东南亚经典漆器，金色、红色的脸谱，金属材质的灯饰，铜制的莲蓬灯及手工敲制出有粗糙肌理的铜片吊灯等，这些都是最具有民族特色的点缀元素，能让空间散发出浓浓的异域气息，同时也能让空间禅味十足，静谧而富有哲理。

（6）绚丽的色彩

作为最接近赤道的区域，东南亚常年受高温影响，因此东南亚风格的家居中更多地会使用艳丽多彩的颜色来打破天气带来的闷热感。一张设计幽雅的沙发床，洁白的床垫搭配深色的圆木，黑白两色的搭配，别致又精巧，简洁圆润的线条流畅生动，处处都彰显着华丽高贵的气息。东南亚风格还充分融合了西方的设计理念和设计元素，例如，华丽的藤沙发，粗壮的椅脚，厚实的靠背，圆滑的扶手，再搭配闪闪发光的水晶灯、高大的石雕，处处可见高雅。

↑东南亚风格的客厅大气、优雅，木制半透明的推拉门以及木饰面板的装饰造型，搭配精美的饰品，不仅以冷静的线条分割了空间，同时饰品不矫揉造作的材料也能营造出豪华感。

↑具备佛教象征的图案或者带着宗教性质的大象形象，都会被应用到东南亚风格的装饰中，同时形状不一的漆器也能丰富家居的形式感和空间内容，这几个元素综合在一起，十分有意境。

←在东南亚风格的家居中，随处可见色彩夺目的布艺饰品，例如餐桌布、沙发垫等，这些都能有效地点缀家居色彩。布艺饰品的用色多为纯度较高的中性色或对比色，大空间建议选择深色配浅色饰品，小空间建议使用浅色来搭配多彩软装饰品。

（7）丰富的刺绣纹案

东南亚地区的民众从最初开始便是以农耕文化为主，因此刺绣在当地非常常见，东南亚风格中也会频繁运用到刺绣来制作绣品，例如，具备精美花纹和图案的装饰品和家纺等。东南亚风格的绣品内容十分丰富，有时是神话传说中的故事场景，有时也会是自然界中的动植物，更多的时候则是几何图案的不同组合，这类做工精美、别致的布艺制品常被用作地毯或是挂毯使用。

（8）特色编织

由于地处热带，受地域和气候的影响，在东南亚风格的家居中的家具装饰等大都会就地取材，使用的也多是藤、树木以及富有韧性的草等，因而特色编织在东南亚风格的家居中也常有使用。通常是用编织手法来完成毛线或藤条等转变成装饰品的过程，除此之外，不止是藤艺家具，瓦罐竹篓等日常用品也可以使用编织来赋予它们新的定义，这些手工艺品有着多变的外形和不同编织手法所带来的纹理效果，赋予了东南亚风格的家居空间更多的民族风情和个性魅力。

↑东南亚风格的抱枕上也会有自然界的花花草草、动植物或者几何图案等刺绣图案，这些层层叠叠眼花缭乱的花纹和艳丽夺目的色彩使得家居环境更绚烂，也更具有魅力。

↑在东南亚风格的家居中，应用于同一空间的刺绣品，首先在色彩上除了要保证自身色彩的纯度和对比度外，还需要调节好与不同类型的绣品相搭配时所需图案的大小配比和色彩对比度。

←东南亚风格中的装饰品大多会采用纯手工编织的手法来制作，自然感十足，家具也多是原木原藤的颜色，看上去非常的古朴自然，并且有一种清凉的感觉。

3.设计方法

（1）灵活运用布艺饰品

各种各样色彩艳丽的布艺装饰是东南亚家具的最佳搭档，巧妙使用布艺装饰进行适当点缀可以有效缓解由于家具而带来的单调气息，使得空间气氛更活跃。在布艺色调的选用方面，东南亚风格多采用深色系，这种色系于沉稳中透露着贵气。

（2）统一中性色系

东南亚风格家居的软装通常会采用中性色或者中色对比色，这种色系比较朴实、自然，符合东南亚风格的特色。在配色方面，东南亚风格会选择比较接近自然的色系，更多地可以采用一些原始材料的色彩来进行合适的搭配。此外，东南亚风格的家具也会频繁地使用到实木、棉麻以及藤条等材质，在实际的操作过程中需要将各种家具包括饰品的颜色控制在棕色或咖啡色系范围内，再用白色进行全面调和，这种方法也会省心又安全。

↑在东南亚风格的家居中，深色的家具适宜搭配色彩鲜艳的装饰，例如大红色、嫩黄色、彩蓝色等；而浅色的家具则适合选择浅色或者对比色的装饰，例如米色可以搭配白色或者黑色等。

↑艳丽的泰式抱枕可以避免空间的沉闷压抑，斑斓的色彩充满着大自然的气息，这也体现了东南亚风格家居回归自然的特色，色彩艳丽的抱枕也能与原色系的家具相衬。

←统一的中性色系能够更好地平衡好色彩艳丽的饰品以及原木家具等之间的关系，也能更好地进行空间内部搭配，营造一个更好的家居环境。

（3）选用轻型天然材质

东南亚风格的家居物品多用实木、竹、藤、麻等材料打造，其规整度相较于欧式风格会更强一些，这些材质会使居室显得自然古朴。除非人为刷漆改变颜色，讲求绿色环保的东南亚风格的家具多数只是涂一层清漆作为保护，因此保留原始本色的家具难免颜色较深，这时可以选择样式明朗、大气的家具，这样也能很好地避免压抑气氛。在选择与之相呼应的饰品时，也应该尽量选择具有简单的外观，保持在中性之上颜色的饰品。

（4）运用生态饰品，细节处展现禅意

为了展现东南亚风格中的拙朴禅意，大多会选择以纯天然的藤竹、柚木为材质，纯手工制作而成的生态饰品，例如竹节袒露的竹框相架、名片夹，带着几分拙朴，地地道道的地域风情。参差不齐的柚木相架没有任何修饰，十分自然，仿佛隐藏着无数的禅机。此外还有以椰子壳、果核、香蕉皮、蒜皮等为材质的小饰品，无论是色泽还是纹理都有着人工无法达到的自然美感。

↑ 款式新颖，亮丽而又现代的天然藤器或者染色藤器可以搭配玻璃、不锈钢或者布艺，将其摆放在日光浴室、早餐房、饭厅以及优雅办公室中，别有一番风情。

↑ 在选择东南亚风格的家具时，为了营造一个舒适、轻松的家居环境，一定要注意把控好天然材质自身的厚重可能会给家居空间带来的压迫感，要选择具备轻快的原始感的家具。

← 富有禅意的生态饰品不仅具有东南亚风格特色，同时也蕴藏着极深的古典文化，给人以自然和清新感，这也是东南亚风格日渐受人欢迎的一个重要因素。

2.6 地中海风格

地中海风格的家居设计在业界很受关注,地中海周边国家众多,民风各异,但是独特的气候特征还是让各国的地中海风格呈现出一些一致的特点。地中海风格倡导表现出一种轻松、舒适的生活体验,设计也少有浮华、刻板的装饰,所装饰的生活空间每一处都能使人感到悠闲自得。

1.源起

地中海风格兴起于9~11世纪,以其极具亲和力的田园风情以及柔和的色调和组合搭配上的大气很快被地中海以外的大区域人群所接受,地中海物产丰饶、长海岸线、建筑风格的多样化以及日照强烈形成的风土人文等,这些因素使得地中海风格具有了自由奔放、色彩多样明亮的特点。

地中海位于亚、非、欧三大洲的交界处,向北可至意大利的威尼斯,向东可达土耳其的伊斯坦布尔,南经非洲的苏伊士运河出红海通往印度洋,西经直布罗陀海峡直抵大西洋,如此漫长的海岸线也孕育了地中海区域与众不同的建筑艺术特色,因此地中海风格并不是一种单纯的风格,而是融合了这一区域特殊的地理因素、自然环境因素与各民族不同文化因素后所形成的一种混搭风格。

↑受气候因素的影响,地中海风格的建筑空间均比较开敞,且能给人舒缓的感觉,建筑一般以庭院为中心,常常有多个院落以拱廊相连。

↑受宗教、哲学和科学等各种因素的影响,地中海风格的建筑总会带有不同地域特色,乃至装饰品都会带有不同的民族文化特点。

此外,地中海的气候在冬季会受到西风带控制,温带气旋活动频繁,气候会比较温和;但在夏季又会受到副热带高压控制,气流下沉,气候会变得炎热干燥,云量稀少,阳光会十分充足,而为了抵挡夏日的热浪,地中海风格建筑的墙壁都很厚实,这也是地中海风格的一大特色。

图解 小贴士

地中海的建筑犹如从大地和山坡上生长出来的一样,无论是材料还是色彩都与自然达到了某种共契,地中海风格的家居中也要注意色彩与材料达到一个平衡状态。

2.风格特色

（1）柔和的色彩

西班牙蔚蓝色的海岸与白色沙滩；希腊碧海蓝天下的白色村庄；南意大利阳光下金黄的向日葵花；法国南部富有蓝紫色香气的薰衣草；北非特有的沙漠及岩石等自然景观，这些环绕在地中海周围的美景都对地中海风格的色彩选择有着极大的影响。地中海风格的色彩十分丰富，且颜色的饱和度也很高，色彩十分柔和，基本是本色呈现，地中海风格按照地域不同主要有蓝＋白、黄、蓝紫＋绿以及土黄＋红褐这三种色彩搭配形式。

（2）浪漫感

地中海风格中所运用到的拱门、拱窗以及犹如海洋般的蓝色等，这些元素给予了地中海风格无限的浪漫感。此外，住宅空间中只要不是承重墙的墙面，都可以运用半穿凿或者全穿凿的方式来塑造室内的景中窗，这种形式不仅可以增强室内空间的视野，同时也是地中海风格家居的一个情趣之处。

↑蓝＋白的色彩搭配是地中海风格的典型搭配，家居中门框、窗户、椅面都是蓝与白的配色，同时还会混和着拼贴马赛克以及金属器皿等。

↑地中海风格强调以自然的柔和色彩体现舒适自由的生活格调以及简洁明快、清新自然的特点，合适的色彩搭配能给人身处自然的感受。

←大海总会让人联想到浪漫感，地中海风格中会运用具有海洋特色的海星等元素来装饰墙面，也会利用蓝色在墙面勾勒出大海的波浪感，让清新与浪漫共存。

（3）自由感

线条是构造形态的基础，在家居中是很重要的设计元素。地中海风格的家具线条比较自然，白墙的不经意涂抹修整的结果也形成了一种特殊的不规则表面，甚至于色彩的选材也不再有局促感，金色的沙滩、蔚蓝的天空和大海、阳光普照的韵律以及乳白色的小贝壳都成了装饰地中海风格的首选。

（4）独特的装饰方式

在构造了基本空间形态后，地中海风格的装饰手法也有很鲜明的特征，首先是家具尽量采用低彩度、线条简单且修边浑圆的木质家具；其次是地面会铺设赤陶或石板，以此来表现清凉感，墙面则镶嵌马赛克，主要可以利用小石子、瓷砖、贝类、玻璃片、玻璃珠等素材，将其切割后再进行创意组合，这种较为华丽的装饰也为地中海风格增添了不少高贵气息。地中海风格还善用白墙、石地板、拱形门窗等来进行家居陈设，这些元素只要运用合理，都可以轻易地打造出梦想中的地中海装修风格。

装饰
独特

←地中海风格的家具具有浑圆的曲线，家具色彩的选择和墙界面、地界面的色彩互相呼应，形成了一种自由、浪漫的室内气氛。

↓贝壳是地中海风格中常用的装饰品，白色的贝壳带来了海洋的气息，同时作为中性色的白色也能平衡空间内的其他色彩。

←硬装和软装的合理搭配能够让地中海风格的家居更具魅力，纯色彩的大量运用也可能会出现色彩比例不协调而导致空间扭曲的问题，这一点在实际应用时要把控好。

第1章 风格的延续与创新

第2章 地域与风格的碰撞

第3章 设计与自然相融

第4章 新与旧的交锋

第5章 风格与生活的结合

3.常用元素

（1）浑圆曲线

地中海沿岸的居民对大海怀有深深的眷恋，能够表现海水柔美而跌宕起伏的波浪线在家居中是十分重要的设计元素，因此地中海风格中也常运用到浑圆的曲线。

←带有波浪曲线的涂鸦墙画以及拱形的门、窗造型等，这些浑圆曲线不仅可以带来自由感，同时也能很好地展现出地中海风格的曲线美。

（2）厚墙

地中海风格还会运用厚墙来作为装饰隔墙，色彩与整体空间的主色调相一致，目前此元素应用频率不高。

←作为用来隔断空间的厚墙，大部分时候都不会是完全的实墙，一方面是为了保证空间的通透性，另一方面空间协调感也比较好，符合地中海风格开阔的建筑特色。

（3）伊斯兰装饰

←圆形的穹顶、马蹄形拱门以及蔓叶装饰纹样和错综复杂的瓷砖镶嵌工艺，这些清真寺建筑的元素被广泛应用于地中海风格中。

（4）蓝、白搭配

地中海地区的居民一直沿用蓝色避邪的风俗，受其影响，地中海风格中也主要选择蓝、白搭配的色彩来装饰室内空间。

←地中海风格中蓝色和白色的搭配既能让人联想到蓝天、白云，也能联想到蔚蓝的大海，蓝、白搭配的室内空间也充满了清新感。

（5）土壤色

受周围城市的影响，地中海风格的家居还会运用类似于赭石色、棕土色、赤土色和土黄色等的土壤色，有一些房屋外部的围墙还会用当地的土坯砖砌筑。

←土壤色具有一定的粗犷感，在家居中运用这类色彩能够在一定程度上丰富空间的层次感，但要注意不需要大面积地使用这类色彩。

（6）布艺

腓尼基人以织染技术闻名，并将其传播到整个地中海，地中海风格的家居中也频繁运用到棉织品。

←地中海风格的家居中经常会运用印有精美刺绣图案的摩洛哥和北非饰布以及土耳其平面编织的饰布来制作壁挂、靠垫、床罩以及沙发罩等家居用品。

（7）栏杆

地中海风格中还会运用到护栏、栏杆、窗帘杆等，通常是采用铁艺和直棍木栏杆，简单的栏杆还可以直接采用矮墙的形式。

←栏杆形式会受到所在的位置与用途的影响，例如，矮墙适用于露台或较长距离的栏杆；石雕栏杆适用于和外墙平齐的内阳台或廊上阳台；而木质栏杆由于轻巧、易于加工常用于悬挑的阳台；铁艺栏杆则可以用于以上各种情况中。

（8）绿化

地中海风格中的绿化无处不在，除了传统绿化，还偏爱垂直绿化、花果盘以及用陶罐装饰的鲜花。

←地中海风格家居中，必不可少的是小巧的绿色盆栽，常用的盆栽植物主要是九重葛、仙客来、风信子、非洲菊、攀援状灌木等，这些盆栽不仅能装饰空间，也能带来自然气息。

（9）花砖

早期的地砖都是在陶瓷手工作坊中制造的，色泽主要以橙色、褐色居多，为了丰富地面效果，花砖逐渐受到青睐。

←花砖常常使用在主要居住空间内，如客厅或餐厅地面可以使用花砖拼砌成围边，或与地砖组成几何图案，这种拼贴方式也能增强地面的装饰美感。

4.设计手法

（1）合理设计拱门窗

地中海风格受到古罗马与奥斯曼土耳其的影响，习惯于在墙面上开凿半圆形或马蹄形的拱门窗。在炎热的夏季，由拱廊连接的深深回廊还可以遮挡炎热的阳光，使室内沉浸在凉爽的阴影中。建筑中的回廊也通常采用数个圆拱连接在一起，在走动观赏中，能够出现延伸般的透视感，但在实际操作过程中要注意控制好拱形门窗的大小、比例问题。

（2）选择合适的家具

地中海风格的家具造型都比较简单但同时又具有浑圆的修边，通常会选择天然木质家具，色彩以黄色、蓝色、紫色和绿色为主，家具色彩的彩度也都比较低，与室内空间的色彩相搭配，别具情调。部分家具还具有特有的罗马柱般的装饰线，整个家居空间简洁明快，流露出古老的文明气息。

↑圆弧形可以放在家居空间的每一个角落，一个圆弧形的拱门，一个流线形的门窗，都是地中海风格家装中的重要元素。

↑地中海风格中的拱形门、窗不仅线条简单而且修边浑圆，不会让人感觉到繁杂，反而会给人一种返璞归真、与众不同的视觉体验。

←地中海风格的家具集装饰与应用于一体，在柜门等组合搭配上避免琐碎，显得大方、自然，让人时时感受到地中海风格家具所散发出的古老尊贵的田园气息和文化品位。

（3）注重细节

地中海风格的成功离不开对细节的把控，这不仅仅表现在各类装饰品和家具的选择上，同时对于室内空间内部结构的处理也要格外注意。硬装材料的选择和软装搭配上的处理一定要协调、统一，无论是材料的轻重感、质感、视觉感还是色彩亮度比都要彼此平衡，同时要考虑到不同功能需求对空间产生的影响。例如，可以选择粗糙的百叶窗和坚固厚实的木制房门，以此来阻挡灼热的阳光，色彩则选择蓝色、灰蓝色、灰绿色、褐色或刷了桐油的原木色。

（4）适宜的灯具

灯具往往是室内设计中最为华丽的部分，一是因为灯具造型比较精致，二是因为灯具的光能够创造各种形式的光影图案，地中海风格中的灯具一般会采用铁艺灯饰，配以部分彩色玻璃，但有些也会模仿古时候烛台的形式。选择一个合适的灯具能够帮助更好地营造室内效果，也能更好地展现地中海风格的特色。

↑在地中海风格的家居中要注意组合设计上的空间搭配，要充分利用好每一寸空间，要使空间感整体不会显得局促，要能使空间产生大气感。

↑颜色是装饰的中心，地中海风格偏爱沙砾色和调料色，例如红辣椒色、橘黄色以及小茴香色，具有浩瀚感的土黄色及红褐色也有被运用到。

←地中海风格的灯具首先在外观的选择上要和整体空间的色彩相搭配，灯光尽量柔和，具有创意性的灯具会给空间增添更多的设计感。

不同风格的对比见下表。

元素	图例	风格	特点	备注
色彩		日式风格	色彩比较淡雅、自然	日式风格主要要营造一个宁静的室内环境，色彩的亮度要控制好
		韩式风格	色彩含蓄、淡雅，主要以米色、粉色、白色以及咖啡色为主	韩式风格的用色一定要统一，以免过于杂乱引起视觉不适
		台式风格	色彩简洁、明快、自然，给人感觉十分舒适	台式风格的色彩选择比较现代化，可以依据使用者喜好来定
		港式风格	色彩比较冷静，主要以黑、白、灰为主色调	港式风格还可以分为现代港式风格、乡村港式风格和英伦港式风格，色彩的选择也会稍稍有所不同
		东南亚风格	色彩带有宗教印象，比较艳丽，主要会用到红色、宝蓝色、珍珠色、象牙白以及嫩黄色等	东南亚风格所应用的色彩比较斑斓，设计要控制好色彩的浓度对比
		地中海风格	色彩主要以蓝色和白色为主	地中海风格还会运用蓝紫＋绿以及土黄＋红褐这两种色彩搭配方式
装饰品		日式风格	装饰品简洁、自然，色彩也比较淡雅	日式风格中还会选用枯山水来作为墙面的装饰，充满和风韵味
		韩式风格	装饰品讲究自然感和现代感，造型比较简单	韩式风格的装饰品在细节部位的处理十分精细
		台式风格	装饰品极具民族特色，多采用自然材料制作，造型比较简单	台式风格蕴含中国古典文化魅力，装饰品也可以带有古风气息
		港式风格	装饰品具备现代感和时尚感，细节部位处理得很好	港式风格依据实际选择的风格不同，装饰品也有所不同
		东南亚风格	装饰品取材自然，造型精美，且富有禅意	东南亚风格受宗教影响很深，装饰品的形象都带有佛教气息
		地中海风格	装饰品充满浪漫感和时尚感，设计多以海洋元素为主	地中海风格的装饰品均带有浓浓的海洋气息和时尚气息

不同风格对比

（续）

元素	图例	风格	特点	备注
家纺		日式风格	家纺色彩比较素雅，材料一般选择比较自然的	日式风格的家纺多带有和风图案
		韩式风格	家纺多以柔软的布艺为主，同时也会带有花朵等图案	韩式风格的家纺比较具有现代感和浪漫气息
		台式风格	家纺纹案比较简单	台式风格的家纺会比较注重触感
		港式风格	家纺具有轻奢感、高贵感和时尚感	港式风格的家纺色彩可以具备跳跃性，同时也善用多种面料来表现空间的层次感
		东南亚风格	家纺带有刺绣花纹，色彩比较艳丽	东南亚风格会将宗教故事中的形象绣到家纺中，以此展现地域特色
		地中海风格	家纺以棉织品为主，色彩与整体空间色彩一致	地中海风格的家纺能给人一种舒适的感觉
家具		日式风格	主要以原木色家具为主，榻榻米也会频繁被使用到	日式风格还会使用传统的日式茶桌，家具普遍都比较矮，比较符合日式风格的特点
		韩式风格	家具造型简单，细节部位十分精致，时尚又具有现代感	韩式风格的家具注重空间分配的和谐感
		台式风格	家具比较偏现代风，但部分会带有中国古典元素	台式风格的家具会受到日式风格的影响，具有开放美学
		港式风格	家具具有现代感，造型简洁	家具具备一定的功能性，色彩主要以黑、白、灰为主
		东南亚风格	家具选材都比较天然，原木、藤器等都是制作家具会选择的材料	东南亚风格的家具色彩同样具有宗教印象，主要色彩有原木色、红色、珍珠色及象牙白等
		地中海风格	家具具有浑圆曲线，充满浪漫感	地中海风格的家具有一些会带有伊斯兰装饰，色彩也以蓝+白、黄、蓝紫+绿等为主

第3章
设计与自然相融

识读难度：★ ★ ★ ☆ ☆

核心概念：英式田园风格、法式田园风格、
　　　　　美式乡村风格

章节导读：

　　在室内设计的众多装修风格中，英式田园风格、法式田园风格以及美式乡村风格都崇尚设计与自然相融，设计也会频繁用到自然中的元素，这三种风格既有一定共同点，但又有所不同。英式田园风格整体给人的气氛是十分舒适而温馨的；法式田园风格则是完全使用温馨简单的颜色以及朴素的家具，倡导以人为本、尊重自然的设计思想，风格中会频繁地使用令人倍感亲切的设计因素，创造出如沐春风般的感官效果，这也是人们对外界视觉感受的前提；美式乡村风格的布置则较为简单，主要以功能性和实用舒适为考虑的重点，空间宽敞而富有历史气息。

3.1 英式田园风格

英式田园风格拥有英国文化的特色，相较于其他设计来说会显得更加别致清新，英式田园风格主要展现了一种清新的格调，它强调了自然之美，崇尚天然、率真的感觉，设计不会采用很多奢华的装饰，清新的用色基调反而会被经常运用到，整体风格也秉承着一种天然纯粹的美丽。

1.源起

英式田园风格大约形成于17世纪末，主要是由于人们对于奢华的装饰风格逐渐产生视觉疲劳，转而开始向往清新的乡野风格，其中，最重要的变化就是家具开始使用本土的胡桃木，外形质朴素雅。

英式田园风格作为一个重要的家居流派延续了17~19世纪皇室贵族家具的特点，对每个细节精益求精，在庄严气派中追求奢华优雅，设计也更贴近于实用性，处处都展现出欧洲传统的历史痕迹与深厚的文化底蕴。

↑小碎花图案是英式田园风格永恒的主调，家具多以手工布面为主，线条优美、颜色雅致，饰品布艺也秉承着这个特点，特征鲜明让人过目不忘。

↑白色、咖啡色、黄色、绛红色是英式田园风格中常见的主色调，少量白色糅合，可以使色彩看起来明亮、大方，使整个空间给人以开放之感。

英式田园风格又称为英式乡村风格，它属于自然风格的一支，设计倡导回归自然，讲求心灵的自然回归感，能给人一种扑面而来的浓郁气息，在室内环境中追求能表现悠闲、舒畅、自然的田园生活情趣，善于利用室内绿化来创造自然、简朴、高雅的氛围。

英式田园风格有务实、规范、成熟的特点，以英国的中产阶级为例，他们有着相当不错的收入作支撑，所以可以在面积较大的居室中自由地发展自身喜好，设计案例也在相当程度上表现出居住者的品位、爱好和生活价值观。英式田园风格开放式的空间结构、随处可见的花卉绿植、精雕细琢的欧式家具以及各种花色的布艺等，这所有的一切都使得室内家居从整体上营造出一种田园之气。

2.风格特点

（1）用色清雅

英式田园风格中鲜少会用到暗色系，一般都会采用比较明净的色系，而且整体设计上也显得比较小清新，这种风格不仅是一种很有情调的审美风情，同时也能很好地彰显出清新的自然格调。英式田园风格的家居中所选的家具或者饰品的色彩也是非常低调和内敛的，从不喧宾夺主但是也不缺少任何元素。

英式田园风格在整体色彩的选择上追求清新典雅，例如，顶棚以象牙白或者奶白色为主，显得空间既纯净又楚楚动人，晶莹剔透的水晶吊灯则让房间显得更加从容而典雅，地板的底色以浅灰色或者土绿色为主，虽然少了金色带来的富丽堂皇之感，但却多了英式田园的古朴清新感。

↑比较素净的色彩更能展现出英式田园风格中的清新气息，家具和配饰的色彩要统一、协调，如此才能更好地融合不同色彩之间的亮度比。

↑米白色的顶棚搭配糖果绿的墙面，配上几幅装饰画，一盏美丽、大方的水晶吊灯，再配上碎花餐桌、餐椅，空间的田园气息愈加浓烈。

（2）设计有新意

随着家装风格逐渐审美多元化，很多异国风情的设计在国内也逐渐走红，英式田园风格很好地融合了英式乡村的特色，设计既具备功能性，同时也具有新意。

←英式田园风格没有非常强烈的视觉震撼效果，但是它的整体设计精巧别致，同时还能够巧妙地采用一些清新自然的色调，能够很好地呈现一种自然美。

（3）自然的意境美

英式田园风格的家居中能够展现出一种更加自然的审美意境，设计也不需要过多的装饰却能够让人感受到一种设计的美感，同时还能让家居显得更加温馨别致。

←英式田园风格十分崇尚自然，设计追求展现本真之美，英式田园并非是指农村的田园，而是一种贴近自然，向往自然的风格，它不仅倡导回归自然，在美学上更是推崇自然美。

（4）有着丰富的情感

英式田园风格拥有丰富的审美元素，在用色和材料的选择上都十分用心，能够给人一种很强的参与感，总是让人感到心情愉悦、舒畅。

←英式田园风格摒弃了以往繁琐的设计元素，整个风格都展现出一种自然清新的风格基调，英伦气息十足，设计中采用的碎花元素也使自然气息更浓郁。

（5）经济、实惠

相较于花费甚多的欧式风格，英式田园风格在经济上更加实惠，它不需要购买过多的装饰，但却依旧可以拥有不错的视觉效果，风格简单却能深入人心。

←英式田园风格的家居通过小件饰品的合理陈设使得空间更富有设计美感，在材料的选择上也更经济。

3.设计元素

（1）胡桃木材质的家具

胡桃木是英国本土的树木，英式田园风格中以胡桃木为材质制作而成的家具，能够给人一种田园独有的淳朴、素雅的感觉。

←胡桃木家具表面光泽饱和，色彩丰富且饱满，整体色彩比较浅，给人感觉十分自然，也符合英式田园风格中追求素雅色彩的特性。

（2）布艺品

英式田园风格多有以精美的手工布制作而成的布艺品，能营造出一种淳朴、自然的生活氛围。

←英式田园风格的家居中经常会出现丝巾、桌布、窗帘等，这些做工精美的布艺品点缀上些许小碎花，空间的田园气息也会变得更浓郁，同时具有独特民族风情的苏格兰小格子自然也是不可缺少的。

（3）花卉绿植

在英式田园风格的家居中，经常会运用到很多鲜花和绿植，这不仅能够很好地体现出田园的气息，也能让整个室内环境展现出一种非常淡雅的气氛。

←在窗台、墙角摆设上一盆盆绿色的植物和娇艳美丽的鲜花，不仅可以很好地净化室内空气，更能为室内环境增添更多的自然感和素雅感。

（4）小碎花

英式田园风格中也经常会运用到小碎花的元素，在室内家居中，不管是沙发还是桌布，都会用小碎花来凸显出田园风格。

←小碎花在英式田园风格中随处可见，大到墙面壁纸，小到装饰挂件等，这些元素与小碎花完美融合，既带来满满的自然气息，同时也具有观赏性。

（5）卷曲的弧线

英式田园风格中对于卷曲弧线的应用十分巧妙，在家具的底脚处，经常会用简单的卷曲弧线或者精美的纹饰，来表现出一种浪漫、时尚的感觉，同时也显示出高雅的生活气息。

←卷曲的弧线能带来一种柔软美，这种形式上的柔软也能很好地中和家具材料带来的刚硬感，能够平衡空间轻重比。此外，卷曲的弧线也神似自然中的藤蔓，运用在空间中，能够增添不少的清新感。

（6）奶白色

英式田园风格给人一种清新、自然的感觉，在家具颜色的选择上，大多以奶白色为主，为了中和这种单调感，墙面经常会选用高饱和度的色彩。

←奶白色的座椅搭配碎花布艺的椅面，椅面碎花纹样与墙面壁纸色彩、纹样属于同一类，彼此互相搭配，空间十分协调。

4.英式田园家具特点

（1）色彩以奶白色为主

英式田园家具多以奶白色和象牙白等白色为主，并使用高档的桦木、楸木等做框架，搭配高档的环保中纤板做内板，造型十分优雅，各部位的线条也都十分精致。英式田园风格的家具含蓄、温婉、内敛但却丝毫不张扬，既拥有清新自然的气质，同时又散发着高贵、淡雅的气息。

（2）布艺与手工结合

英式田园风格的家具主要是由华美的布艺以及纯手工制作而成，小碎花、条纹以及苏格兰图案是英式田园风格家具永恒的主调，家具布面花色秀丽，多以花纹各异的花卉图案为主，制作以及雕刻基本是纯手工，十分讲究。

↑奶白色的家具能够给人一种简洁的感觉，与其他色彩相搭配时也十分好看，白色作为百搭色能够很好地与小碎花以及各色的花卉、绿植等相搭配。

↑楸木的纹理清晰可见，布局也十分均匀，非常有条理性，使用楸木制作而成的家具带有强烈的英式田园风格的气息，让人感觉浑然天成。

→布艺和木制品的完美结合给室内家居提供了更加浓郁的自然气息，纯手工制作使得家具的使用价值和观赏价值更高。

🏛 **图解**小贴士

英式田园风格主要通过装饰装修来表现出田园的气息，整个空间集庄重典雅与自然古朴为一身，既有现代文明的时尚，又有农耕文明的淳朴，比较适合文人雅士以及小资情调的白领选用。

（3）精致、优雅

英式田园风格家具追求华丽、高雅，讲究手工精细的裁切雕刻，轮廓和转折部分也主要由对称而富有节奏感的曲线或曲面构成，结构简练并装饰有镀金铜饰。英式田园风格还十分青睐复古家具，家具的款式复古典雅，既庄严华贵，又兼具轻巧精细感。

（4）大方的知性美

英式田园风格的家具还具有大方的知性美，这一点也比较符合人们对于浪漫生活的向往。柜子、床等家具色调都比较纯洁，白色和原木色是英式田园风格中常用的经典色彩。英式田园风格的家具一般简洁大方，和法式田园风格的家具有一定的共通点，但是仍然会有一些不同的处理。

←曲线能够很好地带来柔和感和设计美，英式田园风格的家具运用各类曲线并将其有机地组合在一起，使得家具具备一定的观赏价值，同时也提升了空间的格调。

→带有复古气息的家具色彩比较偏深色系，需要比较浅的色系或者中性色来进行调节，以此平衡空间色彩，营造更精致、优雅的室内环境。

←英式田园风格的手工沙发非常著名，一般是布面的，色彩比较秀丽，线条也十分优美，比较注重布面的配色和对称之美，越是浓烈的花卉图案或条纹越能展现出田园味道。

图解小贴士

英式田园风格搭配技巧

在卧室内可以搭配一个造型优雅的田园台灯，在墙上可以安装衣帽钩以便挂一些小东西，再搭配上田园碎花的床品，也能够很好地营造出浓郁的田园气息。

3.2 法式田园风格

法式田园风格较之美式乡村风格少了一些粗犷感，较之英式田园风格少了些厚重感和浓烈感，多了些大自然的清新感，以及来自普罗旺斯的浪漫感。法式田园风格浪漫、优雅，在每个细节的装饰上都十分用心，比较受女性朋友的偏爱。

1.源起

要好好地理解法式田园风格的特色与魅力，首先就必须充分地了解田园风格。田园风格最初出现于20世纪中期，主要泛指在欧洲农业社会时期已经存在数百年历史的乡村家居风格，以及美洲殖民时期各种乡村农舍风格。田园风格并不专指某一特定时期或者区域，它是人们简单而朴实生活的真实写照，也是人类社会最基本的生活状态，它可以模仿乡村生活般朴实而又真诚，也可以是贵族在乡间别墅里的世外桃源。

田园风格更多的是表现平和的心境和一种淡泊的情怀，不是简单地依靠家具和饰品的摆放就可以轻松做到的，它需要的是一颗纯洁、浪漫的心。即使是一把生锈的铁铲、一个破旧的皮箱、一只废弃的铁皮桶、一块手工拼缝的被子，甚至是一束从郊外路边采摘的野花，都可以成为田园风格的最好的装饰品，这些饰品也可以是任何能够唤起旧时回忆和想象的物品。

↑法式田园风格追求自然回归感，开放式的空间结构搭配绿植和精美的家具装饰，配上花卉的点缀，整体带来田园般舒适且又具有传统浪漫典雅的家居氛围。

↑法式田园风格的家具在整体的设计布局上非常讲究轴线的对称，同时也拥有恢宏的气势效果，整体显得格外高贵大气，视觉冲击力也很强。

法式田园风格运用其随意、自然、不造作的装修及陈设方式，营造出欧洲古典乡村居家生活的特质，设计重点在于拥有天然风味的装饰以及大方不做作的搭配。以法国南部普罗旺斯为代表，崇尚让人纵情地去感受法国南部明媚的风光，蔚蓝色的地中海、淡紫色的薰衣草和金黄色的向日葵，法式田园风格受其影响，也完全使用温馨简单的颜色及朴素的家具，并以尊重自然、以人为本的传统思想为设计中心，使用令人倍感亲切的设计因素，创造出如沐春风般的感官效果。

2.风格特色

（1）浪漫、唯美

法式田园风格主要的特点就是比较唯美和浪漫，设计善用色彩、家具材料等来展现家居内浪漫、唯美的氛围。蓝色、黄色、植物以及自然饰品等的运用和条纹花艺等装饰品既能表现出田园灵动的美感，同时也能很好地展现出法式田园风格独有的艺术感和怀旧情调。

↑法式田园风格家具的制作材料多以樱桃木和榆木为主，家具的尺寸十分纤巧，注重脚部、纹饰等细节的精致设计，设计希望能通过家具来传递一种浪漫的情愫。

↑法式田园风格的家具还会采用手绘的装饰和洗白处理，设计不仅充满自由感，同时也能体现出法式田园的艺术感以及唯美的怀旧情怀。

（2）质感、优雅

法式田园风格擅长运用家具的洗白处理以及大胆鲜艳的配色，家具经过充分的洗白处理后不仅流露出古典家具的特质，同时还具有质感，视觉感官上令人惊艳，而黄色、红色以及蓝色的色彩搭配，则反映出丰沃、富足的大地景象。

←法式田园风格中的家具底脚会带有被简化的卷曲弧线以及精美的纹饰，这些细节部位的处理可以很好地体现出法式田园风格的优雅感。

🏛 **图解**小贴士

法式田园风格很注重色彩和元素的搭配，在设计中经常会运用到古董色、蓝色以及黄色等，同时还会运用到自然饰品、条纹布艺、花边等最能体现法式田园的细节元素。

（3）朴实

经济的发展带动了城市的高速进化，在喧闹的城市中，人们不仅要面对繁杂的工作，同时还要面对日益增长的物质压力，这些种种的压力和负担，导致人们精神变得越发紧张，身心也得不到舒缓。而家居，作为人们最后的心灵净土，必定是需要有一个轻松、自然，能够洗涤心灵的环境，法式田园风格能够给人们带来朴实感、亲切感和实在感，也能很好地满足人们想亲近自然，追求朴实生活的愿望。

↑带来清新感的绿色和中性白色搭配在一起，能够很好地平衡空间，空间内各元素陈列有序，不会给人造成紧张的气氛，墙面装饰画也能很好地放松心情。

↑书房简简单单的陈设本身从视觉上就给人一种朴实感，空间内整体色调为中性白色，可以很好地与窗帘的色彩以及书桌的色彩相搭配。

（4）自然

法式田园风格是一种大众装修风格，设计注重于通过装饰装修来表现出田园的气息。无论是从家具、装饰品等的选材，还是从软装上的色彩来看，法式田园风格都善于利用比较自然的材料、饰品和色彩等来全面地展现出清新、自然之感。空间中众多元素综合运用，彼此间相互协调，互相搭配，既展现出法式田园家居的开阔与大气，同时也不会显得繁杂，搭配得很自然，即使是简单的餐桌搭配上简单的白色沙发椅，也会显得空间比较简单、大气。

→简单的花卉，简单的色调，只要合理地搭配在一起，同样可以营造出自然的家居氛围。法式田园风格运用清新、恬静的色调搭配香气诱人的花枝，简单的格局，反而营造出不一样的自然美。

（5）空间流畅感

法式田园风格比较注重营造空间流畅感，这种空间流畅感主要表现在色彩和空间内各设计元素间比较搭配，空间格局具备良好的行走动线以及材料彼此间没有矛盾感等。空间的流畅感保证了材料的原始自然感，同样也能很好地体现出法式田园风格的清新与淡雅。

↑法式田园风格的室内家居具备一定的开放性，这种格局也造就了功能分区上的流畅感，同时象牙白家具与室内其他色彩相配，整体视觉感也比较融洽。

↑不是所有的材料都能随意搭配在一起，法式田园风格非常注重选用自然材料，在质感和触感上也都十分协调，整体十分流畅。

（6）静谧感

法式田园风格因其自然、朴实的特色，设计能够很好地营造出静谧感，这种静谧感充斥整个室内家居，不仅能够很好地放松人的心情，同时也能舒缓紧张的情愫，这也是法式田园风格最终所要追求的设计目的。

→静谧感的营造来自于简单却富有内涵的家具以及恬静却也绚丽多变的色彩，室内其他花卉、绿植、布艺、装饰品等，安静地陈设在家居中，静谧又美好。

🏛 **图解**小贴士

法式田园家具选择的技巧和原则

法式田园风格是人文风情和家具生活特征的代表之一，一般建议选择比较舒适的家具，在细节方面可以选择使用自然材质制作而成的家具，这种家具也能充分地体现出自然的那种质感。

3.常用元素

（1）绿植、花卉

和英式田园风格一样，法式田园风格的居室也随处可见绿植、花卉，这些绿植、花卉可以很好地营造出田园气息。

←来自法国普罗旺斯的薰衣草香气迷人，选用薰衣草来作为装饰，不仅观赏性极强，同时也能很好地营造出法式田园风格的浪漫情调。

（2）野花

野花是自然界中最常见也是最朴实的修饰物，同样它也是法式田园风格中最好的配饰，野花能够直接传达出一种自然气息，置身于布有野花的家居中能给人一种直接与大自然接触的感觉。

←野花可以直接作为家居中的装饰，也可以在布艺中加上野花的图案，这种野花图案的有序叠加能够使法式田园风格的朴实感更强烈。

（3）布艺

柔软的布艺会更利于居室氛围的营造，也能展现出法式田园风格的优雅质感。

←窗帘与沙发布艺要在颜色和质感上搭配，沙发布艺与墙面色彩也要有所呼应，再搭配上合适颜色的家具，整个空间的颜色搭配就能达到一个既和谐又吸睛的效果。

（4）铁艺玄关

铁艺玄关弥补了从风水学上一览无余的忌讳，同时十分引人注目，在铁艺玄关处的搁物架旁放置一些花花草草，也能很好地营造一个自然、舒适的家居氛围。

←铁艺玄关在目前的法式田园风格中运用较少，但仍需有所了解，铁艺玄关具备一定的装饰性，同时既隔断了空间又不会使空间过于封闭。

（5）壁炉

传统欧式壁炉的沉重感与法式田园风格的清新感相悖，可以选择由木工师父做一个形似的壁炉，既能弥补过道门和厨房门中间的大块空白，同时也能展示小饰品。

←可以利用厨房剩下的墙砖来贴壁炉下方的墙面，这也非常符合法式田园风格中的自然元素应用,同时也能起到从颜色上协调呼应客厅色彩的作用。

（6）曲线

法式田园风格经常会用到曲线的造型，无论是家具的纹样还是花枝修剪后的样式基本都会带有曲线造型，这种曲线很好地表现了法式田园风格的柔和美。

←法式田园风格的家居中的布艺品、家具等都会带有曲线的造型，例如，在家居中出现的拱形门，直线棚的四角带弧度的顶棚，以及小壁炉等都是曲线性比较强的元素。

4.设计手法

（1）注重色彩和元素的搭配

法式田园风格讲求色彩纯度的组合，这个组合指的是背景色、主题色和点缀色的色系一致，即背景色的色系和家具的色系在一般情况下是一致的，唯一有区别的只是色系的亮度比和浓度比之分。在法式田园风格的家居中，如果墙面是浅蓝色，那么家具就需要选择深蓝色的；如果墙面是浅黄色，那么家具就需要选择深黄色的，而为了体现这种法式田园元素和色彩搭配的原理，可以选择碎花布艺的家具来和色彩搭配，例如浅黄色的碎花壁纸可以搭配上碎花布艺的家具或者是条纹的暖色的家具，再在一个怀旧的茶几上摆上几朵太阳花，从视觉上就十分赏心悦目了。

↑法式田园风格的家居中各家具的色彩需要和墙面、装饰品的色彩相融合，灯光也要起到能够衬托室内空间氛围的作用。

↑色彩和元素的合理搭配还体现在顶界面、墙界面以及地界面色彩的协调性上，室内绿植和花卉的色彩也会对整体呈现的视觉效果有影响。

（2）选用柔和、优雅的色彩

在所有的装修风格中比较重要的就是色彩的确定，空间内色彩的确定决定了硬装材料和软装配饰如何选择。法式田园风格的家居一般会选择比较柔和、优雅的色彩，这种色彩不会让人觉得单调，同时也不会轻易令人产生视觉疲劳。

←法式田园风格的家居中还会运用到灰绿色系、灰蓝色系、鹅黄色系、藕荷色系以及比较女性的浅粉色系，这些都比较柔和，也比较有气质。

（3）选用合适的装饰品

法式田园风格对于配饰的要求比较随意,设计注重怀旧感,因此有故事的旧物都是最佳的装饰品。与现代简约风格中选用的无框挂画不同，法式田园风格崇尚历史的优雅感，更多的会运用比较繁琐的相框式的挂画以及带有流苏的窗帘。家居中还可以采用一些与装饰风格相协调的装饰品，例如法式田园风格常用的瓷器挂盘、花瓶和相夹等。

（4）合理运用曲线和对称

法式田园风格也经常会采用对称式的造型设计，建筑也会更多地采用对称造型,例如，在屋顶上多有精致的老虎窗，柱的设计也很有讲究,可以设计成典型的罗马柱造型，使整体空间具有更强烈的西方传统审美气息，墙面装饰图案以对称的排列形式，同时搭配罗马窗幔等。

↓法式田园风格的家居还可以选用法式特色的盛花器具，藤制的收纳篮，花纹繁复厚重的相框和镜框等来作为装饰品。

↑在法式田园风格的家居中，经常会运用到薰衣草来作为装饰品，铁艺灯具、金属的烛台和田园的台灯都有被运用到。

←形式上的对称和实体上的对称都能营造艺术美，曲线的大量运用使得法式田园风格的家居更具柔和性和优雅性。

（5）选择合适的家具

一般来讲，法式田园风格的家具尺寸都比较纤巧，而且家具非常讲究曲线和弧度，极其注重脚部、纹饰等细节的精致设计。由于法式田园风格并不都是色彩宜人，华丽浪漫，更多的会表现出一种质朴低调的风雅以及古旧恬淡的奢华，因此家具更多地会选择随意、舒适的，但在细节中却又不会缺乏小资情调。

（6）多用天然材料

要能更好地营造出法式田园风格的家居，尽可能多地运用天然材料不失为一个好方法，铁艺、花砖以及带有各种颜色的仿古砖都是比较自然的元素，大花壁纸或者是碎花壁纸都可以选择用木料、织物、石材、藤、竹等天然材料制作，这样不仅绿色、环保，同时也能很好地体现出法式田园风格的清新淡雅。

↑法式田园风格的家居中更多的会采用象牙白的家具、手绘家具、碎花的布艺家具、雕刻嵌花图案的家具、仿旧家具以及铁艺家具，卧室内的床则一般选用的是四柱床，梳妆台，斗柜还有木质的橱柜，一般都是以自然木质材料为主。

↓法式田园风格的家具能够展现一种优雅的乡村生活，喜欢运用明快的色彩，比较在意营造空间的流畅感和系列感，非常偏爱曲线，整体感觉非常优雅、尊贵而内敛，能够带给人一种温馨自然的感觉。

←采用壁纸、仿古砖、布艺沙发以及实木复合地板等，能够营造出一种浓烈的田园氛围，此外，在布艺方面还可以采取丝绒和棉布，这些都是在法式田园风格中会用到的一些材质。

3.3 美式乡村风格

美式乡村风格非常重视生活的自然舒适性，同时也能充分显现出香醇的朴实风味。美式乡村的生活方式是由美国西部乡村的生活方式演变而来，它在古典中带有一点随意，简洁、明快、温暖。美式乡村风格摒弃了过多的繁琐与奢华，同时兼具了古典主义的优美造型与新古典主义的功能配备，很受大众欢迎。

1.源起

美国是新移民国家，同时也是殖民地国家，最早的北美洲原始居民为印第安人，他们过的是原始的刀耕火种的生活方式，住的则是用草、石头、木头堆砌而成的原始房屋。16~18世纪，西欧各国入侵北美洲，在移民过程中带去了各自不同国家地域的文化、历史、建筑、艺术甚至生活习惯，美国文化深受这样的影响，不仅继承了这些文化的精华，还在加上自身文化的特点的同时衍生出了"美式"这样独特的室内设计风格。

美式乡村风格的形成主要起源则是18世纪左右各地拓荒者居住的房子，他们具有刻苦创新的开垦精神，房子的色彩及造型比较含蓄和保守，以舒适机能为导向，兼具古典的造型和现代的线条、人体工程学与装饰艺术，风格充分显现出了自然质朴的特性。

↑美式乡村风格追求自然的风格，在简约当中又不失时尚，能够给人一种自然、舒适、淳朴的视觉感受，特别是一些室内的绿化，更是让空气清新无比。

↑美式乡村风格充分表达出了一种休闲的生活态度，风格既简洁明快，又温暖恬静，能够很好地给人一种享受生活的感觉。

美式乡村风格经常会运用带有骨节的木头以及拼布，主要使用可就地取材的松木、枫木，家具等不用雕饰，仍保有木材原始的纹理和质感，同时还刻意添上仿古的伤痕和虫蛀的痕迹，创造出一种古朴的质感，展现出原始粗犷的美式乡村风格。美式乡村风格还带有怀旧情调，它身上的自然、经典还有斑驳老旧的印记，似乎能让时光倒流，让生活慢下来，整个住宅空间一般没有直线的出现，拱形的窗、门都可以营造出田园的舒适和宁静。

2.风格特点

（1）自然

美式乡村风格最大的特点就是自然，家居中各种实木装饰与吊顶的应用，各种家具与地板的设计，都凸显着本质淳朴与自然和谐的氛围。美式乡村风格突出了生活的舒适和自由，不论是感觉笨重的家具，还是带有岁月沧桑的配饰，这些设计元素摒弃了以往的繁琐和奢华，并将不同风格中的优秀元素汇集融合，以舒适机能为导向，使得整体空间变得更加轻松、舒适。

（2）清新

清新感是美式乡村风格的设计亮点，但同时于清新中又会带有高雅感，要能完美地营造出这种风格，户型太小的空间其实并不适合，这种户型缺少创意的空间，在户型足够的情况下，才可以更好地将情调与格局协调起来，也能让整体的大气彰显出来。

↑美式乡村风格注重家庭成员间的相互交流，同时也注重私密空间与开放空间的相互区分，因此十分重视家具和日常用品的实用和坚固。在墙面色彩选择上，自然、怀旧、散发着浓郁泥土芬芳的色彩是美式乡村风格常用的色调。

↑美式乡村风格崇尚悠闲、舒畅、回归自然的家居生活，在室内环境中力求表现出轻松、舒畅、自然的乡村生活情趣，常会运用天然木、石材等材料，这些材料拥有质朴的纹理，能够很好地表现出自然感。

→在美式乡村风格的家居中，可以通过比较鲜亮的颜色来彰显清新感，例如草绿，也可以通过带有乡村风格的饰品来装点空间。

（3）舒适

美式乡村风格非常重视生活的自然舒适性，因此布艺也是美式乡村风格中重要的运用元素，本色的棉麻是主流，布艺的天然感以及柔软感能够很好地与乡村风格糅合在一起，彼此十分协调。各种花卉植物、异域风情饰品、摇椅、小碎花布、铁艺制品等也都能为美式乡村风格提供舒适感。

↑柔软的布艺搭配色彩舒适的沙发，横躺在上面，闭上双眼，小风吹过，舒适感和悠闲感油然而生，再配上几抹小绿与淡红，让人只想沉醉其中。

↑小碎花布只要色彩不是太过鲜艳、刺眼的，与家具、铁艺制品相配，同样可以在视觉上给人一种十分美好和舒适的感觉。

（4）轻奢

美式乡村风格的轻奢感主要体现在两方面，一方面是奢侈得很低调、很自然，另一方面就是非常的细腻，非常的有质感，设计让生活成为了一种可以慢慢品味的选择。美式乡村风格在很多细节上都展现出设计融入慢生活的感觉，轻奢的品位也表现得非常好，即使是一个小茶桌，搭配合理也可以营造一种轻奢的氛围。

美式乡村风格在很多的细节上，也具有很强的表现力的，它这种追求完美的设计感，只有在室内家居的各个细节处才能完整地表现出来，设计所要传达的这种轻奢感才能很好地与自然、舒适的室内氛围相融合，与空间内的色彩完美地结合，让生活更有味道。

←轻奢感可以通过对家具细节部位的处理以及饰品的选择等来营造，但并不是繁杂的、昂贵的，而是要选择带有乡村特色的家具和饰品。

（5）淳朴

淳朴的乡村气息与追求闲适的浪漫主义情怀构成了美式乡村风格的主调，这种气息来源于乡村疏密有致的小巧街景、温暖舒适的农舍以及优雅的城堡。

←布艺品可以营造出淳朴感，但要注意色彩的选择，既不能太过于单调，也不能过于艳丽，建议选择以白色为主的中性色调或自然色调。

（6）简单、朴实

美式乡村风格反对过分装饰，并追求一种简单朴实的隐逸格调，这是由于乡村风格的形成起源于劳动人民，许多单件的家具或许很华丽，但并一定适合室内家居中使用。

←造型华丽的家具，可能只适用于特殊场所，而造型简单但却做工精致的家具能很好展现出美式乡村风格特色，同时也能凸显出朴实的美感。

（7）空间功能的多样化

美式乡村风格往往在一个主要的大厅里就包容了厨房、餐厅和起居室功能在内的大部分家庭生活，因此空间功能也会更具有多样化特征。

←如果格局分配不合理，空间就会显得十分的凌乱，因此在美式乡村风格的家居中一定要先确定功能分区，再进行具体地陈设。

（8）怀旧性

美式乡村风格所具有的自然、经典等特性造就了其独特的怀旧性，它代表着对过去美好生活的眷恋。

←美式乡村风格的怀旧性不仅反映在软装摆设上对仿古艺术品的喜爱,同时也反映在装修上对各种仿古的墙地砖、石材的偏爱和对各种仿旧工艺品的追求上。

（9）艺术美

欧洲贵族、资产阶级对乡村风光的喜爱和乡绅对城市时尚的追风使不同时代的主流艺术思潮很快传到乡村，这也使得美式乡村风格具有浓烈的艺术美。

←现代经济的邮购方式使得穷乡僻壤的农舍也可以选购到任何心仪的流行装饰，这种便捷的购物方式让美式乡村风格中也充满了流行的艺术美。

（10）融合性

美式乡村风格住宅的室内结构在视觉上并不总是风格统一、井井有条，它的设计很好地融合了其他风格中的特色，并结合本国文化，将其融入到了室内家居中。

←美式乡村风格这种表面的不同时代、不同形式和不同色彩之间无条理的混合正是均衡与和谐法则的具体体现，也是时代与地域混搭的具体体现。

3.设计元素

（1）色彩

美式乡村风格的色彩多以自然色调为主，尤其以带有微微发黄的乳白色为代表，壁纸多为纯纸浆质地，家具颜色多仿旧漆，式样厚重，绿色、土褐色也有被使用到。

←美式乡村风格的色彩大多来自于自然，例如砂土色、玫瑰色、紫藤色、芥子酱色，而常用的图案仍然带有农耕生活的细节，例如小碎花、草、树叶、编织纹、方格、条纹等。

（2）布艺

布艺是美式乡村风格的家居中常用的元素，多以本色的棉麻材质为主，上面多数描绘有色彩鲜艳、体型较大的花朵图案，视觉上充满一种自然和原始的感觉。

←各种繁复的花卉植物以及靓丽的异域风情等图案都可以体现一种舒适和随意。浅色的墙壁、中性色彩的窗帘、描花的床上用品和典雅的亚麻地毯组合也能产生自然和谐之美。

（3）绿植

美式乡村风格的空间十分需要绿植的点缀，可以放置绿萝、散尾葵等常绿植物。

←没有植物的室内空间就失去了乡村风格的生命力，绿植和饰品合理组合，不仅可以增添自然气息，同时也能营造出悠闲、舒适的气氛。

（4）装饰品

美式乡村风格家居常用仿古艺术品，如被翻卷边的古旧书籍，动物的金属雕像等，这些饰品搭配起来可以呈现出深邃的文化艺术气息。

←精致的工艺品可以很好地表达美式乡村风格精致的细节。装饰性的版画、风景画、镶银饰品、老式烛台、精美的瓷器以及带花边的桌布等都能表现出浓郁的乡村韵味。

（5）配饰

美式乡村风格的家居从顶棚到地面都能给人一种赏心悦目的感觉，具有装饰性效果的油画也以绿色或金黄的田野为佳，切勿让浓重色彩的配饰喧宾夺主。

←在美式风格的家居中枝形吊灯、提花帷幔、大理石壁炉上的烛台和镜子、家人的肖像、风景油画以及19世纪的古董，都具备了非常强烈的装饰性效果。

（6）灯具

美式乡村风格的灯具材料一般选择比较考究的树脂、铁艺、焊锡、铜、水晶等，常用古铜色、黑色铸铁和铜质为框架，为了突出材质本身的特点，框架本身已经成为了一种装饰。

←恰当的灯光可以为室内增色不少，在家居中可以采用黄铜吊灯、老式壁灯、维多利亚风格的吸顶灯或是具有怀旧情调的银底座台灯来增强室内气氛。

（7）地面材料

美式乡村风格的地面往往因地制宜会采用当地盛产的装饰材料，例如大理石、花岗石、石灰石、陶瓷、松木、椴木，甚至沼泽地里发黑的原始橡木等。

←砖石地面坚固耐用，易于清洗，常用于公共空间中表现乡村野趣，但一般不用抛光砖或过于现代感的地砖，而喜爱釉面地砖、陶砖和石板地砖。

→木板是最丰富的自然资源，木地板可以是不上油漆的抛光原木，也可以上清漆或深色清漆，以此来强调木材之美，也能展现出美式乡村风格家居的特点。

←地毯主要有两种，一种是全部铺上羊毛地毯或花卉图案地毯，另一种则要显示地板的古色古香，只用华丽的东方地毯或手工编织的条纹、宝石纹或几何图案的亚麻、羊毛地毯来进行点缀。

🏛 图解小贴士

美式乡村风格适用范围

美式乡村风格适合的人群年龄范围广泛，年轻人可以打造更甜美、清新的乡村风格，年纪稍大的人则可以选择颜色深厚的原木色家具，不失华贵与稳重。此外，美式乡村风格和大自然有直接的接触，一般要求房子比较宽敞，最好有前后花园，因而更适合在郊外的独栋户型。

4.家具特色

（1）具备休闲感

美式乡村风格将许多欧洲贵族的家具平民化，家具有着简化的线条、粗犷的体积以及自然的材质，色彩及造型都较为含蓄保守，充满生活闲趣感。

←美式乡村风格的家具一般都选择暖色调，有着抽象植物图案的清淡优雅的布艺点缀在美式乡村风格的家具当中，能够很好地营造出闲散与自在，温情与柔软的氛围。

（2）细节处很用心

美式乡村风格的家具通常都带有浓烈的大自然韵味，且在细节的雕琢上匠心独具，例如优美的床头曲线，床头床尾的柱头以及床头柜的弯腿等。

←利用织物来代替墙壁或是坚硬的隔断，让空间变得柔软，让眼睛不会产生疲劳感；利用特有的显著图案来装点家具和配饰等，这些细节上的元素可以让空间更具魅力。

（3）实用性很强

美式乡村风格家具还有一个重要特点就是实用性比较强，在设计中也会比较注重家具的功能性和实用性。

←实用性比较强的家具同时也会具备装饰性，例如，专门用于缝纫的桌子，可以加长，也可以拆成几张小桌子，组合成一个大餐台，并采用风铃草、麦束、瓮形等图案，对其进行装饰。

粉色石材

白色顶棚

水晶吊灯

米黄色背景墙

碎花窗帘

工艺品

白色家具

碎花抱枕

布艺沙发

不同风格对比见下表。

不同风格对比

元素	图例	风格	特点	备注
色彩		英式田园风格	用色清雅，善用比较明净的色系，主要会运用到白色、咖啡色、黄色以及绛红色等	营造一种归园田居的闲适感，同时色彩也能使整个空间更具自然感和清新感
		法式田园风格	色彩比较柔和、优雅，主要运用到的色系有灰绿色、灰蓝色、鹅黄色、藕荷色以及粉色等	法式田园风格的家居在部分区域处用色会比较大胆，要注意控制好色彩比例
		美式乡村风格	色彩明快、温馨，以自然色调为主，通常会选用微微发黄的乳白色、绿色、土褐色等	美式乡村风格会更多地选择比较接近自然的，能够体现朴实感与清新感的色调
装饰品		英式田园风格	装饰品拥有曲线美，做工精致，色彩低调，具备古朴清新感，装饰品同时还拥有创意	英式田园风格的家居中会采用花卉、绿植以及镀金铜饰等装饰品来点缀室内空间
		法式田园风格	装饰品以自然饰品为主，设计会运用到曲线，同时也具备浪漫情愫和唯美感	法式田园风格的装饰品充满质感，同时充满优雅感
		美式乡村风格	装饰品多选用铁艺制品、花卉、异域风情饰品、仿旧工艺品、古旧书籍、金属雕像等	选用装饰性的版画、风景画、镶银饰品、老式烛台、精美的瓷器以及带花边的桌布等
家纺		英式田园风格	家纺主要以精美的手工艺品为主，也会运用到碎花和苏格兰小格子	英式田园风格的家纺设计得当也能够带来浓浓的淳朴感和自然感
		法式田园风格	家纺会运用到条纹花艺、碎花以及野花	法式田园风格的家纺色彩鲜明，讲究营造浪漫和唯美的室内氛围
		美式乡村风格	以棉麻材质为主，图案多以碎花、方格、条纹以及能够表现农耕生活的细节的图案为主	美式乡村风格的家纺表面还会描绘色彩鲜艳的、体型较大的花朵图案
家具		英式田园风格	家具线条优美，以布面为主，制作材料主要为胡桃木、桦木和楸木	英式田园风格的家具善用曲线，做工细致，部分家具色彩会以奶白色为主
		法式田园风格	家具讲究轴线对称，尺寸纤巧，注重脚部纹饰	法式田园风格的家具会进行洗白处理，同时还会有手绘家具、碎花布艺家具和仿旧家具等
		美式乡村风格	家具具有古朴质感，色彩偏暖，会用布艺做点缀	美式乡村风格的家具不用过多的雕饰，做工十分精美

第4章
新与旧的交锋

识读难度：★★★★☆

核心概念：中式古典风格、新中式风格、
欧式古典风格、新古典风格、
简欧风格、北欧风格

章节导读：

　　新与旧的交替更迭，实际上也是新思想、新理念与传统文化之间的融合与碰撞，敢于突破传统文化中的局限，创造新的设计形式，这也是目前室内设计风格需要努力的方向。就如同中式古典风格与新中式风格，欧式古典风格与新古典风格以及简欧风格和北欧风格一样，这几种风格都是新与旧的完美融合所产生的全新的设计形式。这几种风格都有效地融合了当时的时代所流行的元素，将其很好地运用到了家居当中，呈现出一幅幅美妙的家居美景。

4.1 中式古典风格

中式古典风格是指在室内的空间、色彩、图案、家具配饰及门窗风格等方面，吸取了传统中式古典家居装饰装修风格中的"形"与"神"，从而打造出了符合现代人审美观念同时又饱含着传统文化精髓的家居装修设计。因此，中式古典风格也受到喜爱中国传统文化的消费者的喜爱。

1.源起

要了解中式古典风格，首先要了解清楚中国古典建筑，中国古典建筑拥有悠久的历史传统和光辉的成就，从陕西半坡遗址发掘的方形或圆形浅穴式房屋发展到如今，已有六七千年的历史，无论是修建在崇山峻岭之上、蜿蜒万里的长城还是建于隋代的河北赵县的安济桥，这些建筑身上的每一个细节都在彰显着中国古典建筑的魅力。

中式古典风格是中国传统文化在现代背景下的演绎，同时也是在对中国当代文化的充分理解基础上的当代设计。中式古典风格在设计上继承了唐代、明清时期家居理念的精华，并很好地将其中的经典元素提炼并加以丰富，同时摒弃了原有空间布局中等级、尊卑等封建思想，给传统家居文化注入了新的气息。此外，中式古典风格并不是元素的堆砌，而是通过对传统文化的理解和提炼，将现代元素与传统元素相结合，以现代人的审美需求来打造富有传统韵味的空间，让传统艺术的魅力在当今社会能够得以体现。

↑中式古典风格对房屋和家具的形制与内部的精雕细琢的要求很高，相比于常见的现代简约风格或者北欧风格造价要高。

↑中式古典风格是由精简的传统元素经过沉淀、改良之后与现代人的生活习惯杂糅而成的，风格浓淡与否，很大程度上取决于室内家居的风格及陈设。

中式古典风格常给人以历史延续和地域文脉的感受，它使室内环境很好地突出了民族文化渊源的形象特征，由于中国是个多民族国家，所以谈及中式古典风格时实际上还包含了民族风格，各民族由于地区、气候、环境、生活习惯、风俗、宗教信仰以及当地建筑材料和施工方法的不同，室内装饰风格也会有所不同，主要反映在布局、形体、外观、色彩、质感和处理手法等方面。

2.风格特点

（1）大气

中式古典风格是以宫廷建筑为代表的室内装饰设计艺术风格，设计气势恢弘、壮丽华贵，同时中式古典风格的家居中一般都拥有高空间、大进深，整个室内环境金碧辉煌，造型和色彩上都搭配得十分协调，具有美学特征，装饰材料多以木材为主，图案多以龙、凤、龟、狮等为主，家具精雕细琢，瑰丽奇巧，十分大气。

↑中式古典风格家居的陈设也十分注重对称美，家具摆设都有统一的中心线，与顶部的灯具搭配，整体十分协调，空间稳重感也会有所增强。

↑不需要太多的装饰，仅仅只是带有中国古典特色的挂盘、装饰画以及灯具等，整个空间的大气感也会变得十分强烈。

（2）独有性

中式古典风格的独有性表现在许多方面，这种独有性使得中式古典风格更具有魅力，例如，家具以木材为主，充分发挥了木材的物理性能，并创造出独特的木结构或穿斗式结构；设计讲究构架制的原则，建筑构件规格化；善于用环境创造气氛，重视横向布局；注重环境与建筑的协调，利用庭院组织空间，用装修构件来分合空间；运用色彩装饰手段，同时利用彩画、雕刻、书法和工艺美术、家具陈设等艺术手段来营造意境美等。

←具有中国元素的艺术吊灯，有序地排列在餐桌上方，一来可以营造良好的用餐氛围，同时灯光和室内木质家具也能互相映衬，营造一种安静的意境美。

（3）层次感

中式古典风格十分注重空间层次感的营造，在中式古典风格的家居中会运用到很多构件来增强空间层次感。在需要隔绝的地方，使用屏风、窗棂、中式的木门、隔断以及博古架等可以有效地隔绝视线的物件儿来将空间分隔成一个个的小空间，这样各个功能区不仅实用性更强，私密性也会更好。同时类似于镂空屏风等具有隔断功能的装饰假隔断，也可以运用到家居中来，这类隔断不是真的看不见，而且还带有若隐若现的感觉，能够很好地营造出中式古典风格装修幽远深邃的效果，不仅符合很多文人的生活情趣，也能满足国人的隐士梦。

↑中式古典风格的家居中经常会运用到带有古典纹样的隔断，隔断的色彩选择与室内木质家具的色彩统一，隔断的纹样也与家具细部的纹样呼应，空间的层次感也因此有所增强。

↑当镂空隔断作为书房的移门时，一来具备了隐私性，二来节省了空间，同时具备中国古典纹样的镂空木门也具有很好的装饰性。

（4）立体感

中式古典风格主要通过对门窗的不同设计来营造家居内的空间立体感，在中式古典风格的家居设计中，门窗已不仅仅是居室的一个组成部分，更是作为一种装饰的存在。传统中式窗户主要分为槛窗、支摘窗、直棂窗、横披窗、景窗和圆拱窗等，而传统中式门则一般是用棂子做成方格或带有其他中式传统图案，用实木雕刻成各式题材，以此来营造空间内的立体感，门窗的不同设计也赋予了室内环境更多的创造性。

←为了配合门窗的风格，顶棚也要做相应的改造，可以用木条相交成方格形，也可以做简单的环形灯池顶棚，用实木做框，以此来使层次更清晰，空间更具有立体感。

（5）色彩舒适感

一般中式古典风格的家居配色应尽量使用白色墙面，配合深棕色或者原木色家具，这样也可以很好地营造一种古朴的氛围。必须要注意的是，为了更好地营造色彩舒适感，中式古典风格家居不宜使用蓝色、紫色、粉红色、绿色和红色来作为主色，这是由于蓝色易使室内产生压抑感，紫色易使人心里烦躁，粉红色易使人心情暴躁，也是最不宜做主色的，绿色易使人意志消沉，而红色则易使人心浮气躁。

（6）自然感

中式古典风格的家居中，会更多地运用到大自然的元素来营造自然感，比较典型的图案均来源于大自然中的花、鸟、虫、鱼等。花卉中牡丹花型丰满、色彩娇艳，经常被国人称之为花中之王和花中富贵，所以这种花卉也可以很好地象征富贵，同时牡丹花香气扑鼻，也能很好地清新空气，装饰空间。而对于鱼、鸟等，则将其形象生动地绘制于家具或者家纺之上，既能带来强烈的自然感，同时与空间内的花卉搭配，一时间生机无限。

色彩
自然

第1章 风格的延续与创新

第2章 地域与风格的碰撞

第3章 设计与自然相融

第4章 新与旧的交锋

第5章 风格与生活的结合

←在中式古典风格的家居中如果色彩搭配合理，无论是家具还是空间内各界面，色彩的对比度都比较融洽，亮度和饱和度也都能很好地平衡空间的视觉感。

↑白色是光明的象征，能够使室内变得明亮，宜做墙面色，深棕色则使人沉稳安静，宜用于客厅和卧房，而原木色能使人产生灵感与智慧，最宜用于书房。

←在中式古典风格的家居中还可以运用不同品种的绿植带来不一样的自然感，同时与少量花艺品、灯具、沙发等相搭配，色彩间也比较协调。

3.设计原则

（1）删繁去奢

删繁，意味着去除复杂的装饰，同时过多地追求装饰的华丽感，也可能会起到相反的效果。

←即使去除了繁杂的纹样，家居中依旧带有中国古典风格的特色，地毯采用中国特色图案，家具则采用木质材料制作，灯具的布局和家具的摆设也都具备对称美。

（2）讲究对称

对称设计是中国建筑、家具等普遍采用的构造原则，将融入了中式元素且具有对称性的图案用来装饰,再将相同的家具、饰品以对称的方式摆放,就能营造出纯正的东方风情。

←对称能够减少视觉上的冲击力，能够给人一种协调、舒适的视觉感受，在饰品配置过程中应该采用对称原则来摆放饰品。

（3）展现文化感

能彰显中式古典风格文化感的元素有许多，中国字画、瓷器古玩、中国结、宫灯等都是中式元素的代表。

←女红、盘扣等用于布艺装饰的元素以及笔、墨、纸、砚等都能突出深厚的中国文化，同时也是中式古典风格的极致体现。

4.设计元素

（1）藻井顶棚

藻井顶棚是中国古代建筑特有的建筑结构和装饰手法，顶棚中心向上凸出的部分，称为藻井，藻井同时也指多个高度的矩形顶棚，从下面看是往上凹进去的。

←藻井一般做成向上隆起的井状，有方形、多边形或圆形凹面，周围会饰以各种花藻井纹、雕刻和彩绘，目前使用频率较低。

（2）雀替

雀替是中国古代建筑中的构件之一，主要安置于梁与柱交接处，承托梁枋的木构件，可以缩短梁枋的净跨距离，从而增强梁枋的荷载力。

←雀替可以减少梁与柱之间相接处的向下剪力，防止横竖构材间的角度倾斜；也用在柱间的挂落下，或者作为纯装饰性构件存在。

（3）挂落

挂落同样是中国古代建筑中的构件之一，常用镂空的木格或雕花板做成，也可由细小的木条搭接而成，主要用作装饰和划分室内空间。

←挂落在建筑中常作为装饰的重点，在挂落上经常会有透雕或者彩绘，同时与室内其他装饰有着互相呼应的关系，能够起到很好的装饰作用。

（4）飞罩

飞罩属于中国传统建筑中的构件之一，和挂落相似，主要悬装于屋内，依附于柱间或梁下，多用于室内装饰和隔断。

←飞罩最大的特点是"隔而不断"，即对于柱、梁两侧的两个空间有所隔断，但绝大部分依旧处于敞开状态，两个空间仍然彼此连通。

（5）中堂画

中堂画一般位于室内的正中央，主要悬挂招财进宝的财神画像，并在其左右配上对联，也有悬挂祖训、格言、名句书法题字或者祖先肖像、山水、老虎画等的。

←还可以将带有梅、兰、竹、菊等元素或者山水字画挂在墙上作为点缀。当然，也不必是名人字画，只要是有意境的字画，均可作为选择对象。

（6）装饰图案

中式古典风格所运用到的装饰图案的基础均来自于古时候的祥瑞文化，祥瑞又称福瑞，最初是指表达天意的、对人有益的自然现象，室内装饰图案经常会运用到这些元素。

←彩云、奇禽异兽以及代表与吉祥事件有关的现象、形象以及色彩等，包括采用祥瑞图案、吉祥图案或代表伦理道德的经典故事都可以作为室内的装饰图案。

5.家具

（1）供案

　　供案通常在厅堂中陈设，多采用雕刻作装饰，供案一般出现在神圣的场合，后来出现的画案、书案等则是案类家具的生活化，很能体现中国文人的审美特点。

←供案通常用于客厅，设计非常重视脚部纹样，采用原木材料制作，带有清香，做工精致，非常有中国古典风格的特色。

（2）花板

　　花板形状多样，有正方形、长方形、八角形以及圆形等，花板雕刻图案内容比较丰富，一般是花、鸟、鱼、虫以及传统吉祥图案等。

←花板所带有的花、鸟、鱼、虫等图案可以很好地表现中式古典风格的自然感，同时也能更好地装饰空间。

（3）条案

　　条案在古代多数作供台之用，大型的有3～4m长，台面上会放置着先人的神位，以做烧香拜祭之用，同时也可以很好地体现出中国人忠孝的美德。

←在小户型中多数将条案规格改小，作风水玄关之用，主要放置在走廊、客厅以及书房等地，条案台面上可以摆设自己心爱的装饰品，营造出和谐、庄严的氛围。

6.设计手法

（1）要注重协调好墙面与地面的装饰材料

中式古典风格的家居中，墙面材料和地面材料的色彩比较素雅，要注意协调好二者的关系，可以通过选择不同的材料来凸显风格特色。

←为了体现中式古典风格的特色，建议墙面装饰材料尽量选用一些具有古典中式的或者带有古花纹的壁纸，地面则可以使用木地板、地砖等。

（2）选择合适的色彩

中式古典风格可以适量选择黑、青、红、紫、金、蓝等明度高的色彩，其中寓意吉祥，雍容优雅的红色更具有代表性。

←中式古典风格还可以选择深色偏红木的颜色，同时要注意与空间内其他区域的次色彩相搭配。

（3）选择合适的陈设品

中式古典风格的传统室内陈设追求的是一种修身养性的生活境界，在装饰细节上崇尚自然情趣以及花、鸟、鱼、虫等精雕细琢的陈设品，这些陈设品富于变化，能充分体现出中国传统美学精神。

←中式古典风格多选择古玩、盆景、瓷器等带有中国古典元素的装饰品来点缀空间，这些装饰品和室内其他元素相配，也能营造很好的古典优雅氛围。

古典吊灯

古典门罩

富有古韵的装饰画

古典造型顶棚

木质茶几

古典沙发

古典图案抱枕

传统挂饰

古风台灯

竹子

4.2　新中式风格

新中式风格是在中式古典风格的基础上又有所创新的一种风格，它既保持了中国的传统设计元素,同时又突破了中国传统风格中具有局限性的一部分，设计颇具时代感。新中式风格不是纯粹的多元素堆砌，而是以现代人的审美需求来打造富有传统韵味的事物,因此在近几年也颇受欢迎。

1.源起

新中式风格起源于中国传统文化复兴的新时期，在20世纪80年代的中国，传统与反传统、权威与反权威，这几种相互冲突又相互影响的元素构成了中国文化的基础，而伴随着国力增强，民族意识逐渐复苏，民众开始探寻中国设计界的本土意识，逐渐成熟的新一代设计队伍和消费市场也孕育出了含蓄秀美的新中式风格。

新中式风格主要包括两个方面的基本内容，一是中国传统风格文化意义在当前时代背景下的演绎；二是对中国当代文化充分理解基础上的当代设计。新中式风格通过对中国传统文化的充分了解与分析，将现代元素和传统元素结合在一起，让中国传统艺术在当今社会上能得到合适的体现，而中式元素与现代材质的巧妙兼柔，明清家具、窗棂、布艺床品的相互辉映，也使得室内环境更具有审美性。

→新中式风格沿袭了中国明清时期传统文化的尊贵与端庄，清雅与大气共生，含蓄与精致并存，同时也是对历史环境有充分理解的当代设计。

←新中式风格追求超越一切的物质而到达一种天然的精神境界，同时崇尚宁谧自然、清幽静美的室内环境，所有的设计好似一股清泉静静地流淌在空间里。

新中式风格并不是单纯地从中国传统文化元素中汲取设计方法，也不是刻意地描述某种具象的场景或物件，而是通过对新中式风格的特征表达来追求淡雅含蓄、古典端庄的东方式精神境界。在新中式风格的家居中，经常会采用对称式的布局方式，格调高雅，造型简朴优美，色彩浓重而成熟，在装饰细节上崇尚自然情趣，花、鸟、鱼、虫等精雕细琢，富于变化，也能充分体现出中国传统美学精神。

2.风格特色

（1）简约的线条

新中式风格的家居与传统的中式风格家居有很大不同，设计没有一板一眼，更多地会运用简单、流畅的线条来展现新中式风格的特征，同时这些线条也兼具精雕细琢的意识。

←新中式风格的家具多以线条简练的明式家具为主，比较简约，也能很好地反映出现代人追求简单生活的居住要求。

（2）层次感

新中式风格延续了传统中式风格所倡导的空间层次感，设计会通过对空间的不同分隔以及利用不同的分隔工具来体现空间层次感，博古架和屏风就是常用的分隔工具。

←新中式风格的家居，空间上讲究层次感，多用隔窗、屏风来分隔，一般会用实木做出结实的框架，中间用棂子雕花做成古朴的图案，以增强装饰感。

（3）浓郁的东方气息

传统中式风格中所应用到的书柜、书案以及文房四宝等，这些古典元素与新中式风格有机结合，能够营造独有的东方气息。

←可以在需要隔断的地方，使用中式屏风、木门或者简约的博古架等带有古典气息的物件儿，这种形式也可以营造出浓烈的东方韵味。

（4）富有文化底蕴

新中式风格在形式上有自己的特点，坡屋顶、院墙、青瓦、干净透彻的白色粉墙、马头墙以及极具中国特色的门窗装饰等，这些都能给人一种悠远、浓厚的文化韵律感。

←新中式风格的家具带有很强的中国传统文化特色，同时也十分适合现代人的生活，整体家具典雅、庄重，韵味满满。

（5）平稳性

新中式风格同时也十分讲究设计的平稳性，一是指设计色彩以及设计元素之间的协调性，二是指家具的造型具备稳定性，使用寿命较长。

←新中式风格的餐桌很好地体现了四平八稳的中国建筑学理念，同时也很好地展现了注重根基沉稳的中式底蕴，餐桌也不失大气感。

（6）怀旧感

新中式风格在设计上继承了唐代以及明清时期家居理念的精华，设计注重品质但免去了不必要的苛刻，所营造的空间内也充满怀旧感。

←新中式风格将传统中式风格中的经典元素提炼并加以丰富，在给传统家居文化注入新的气息的同时，设计也不乏怀旧气息。

3.设计元素

（1）门窗

门窗对于确定新中式风格的内部设计内容很重要，新中式风格的门窗一般都是用棂子做成方格或其他中式的传统图案，用实木雕刻成具有一定意义的造型，并打磨光滑，使空间富有立体感。

←新中式风格的门窗一般都具有很显著的特点，非常有辨识度，多数都带有中国传统元素，并使用现代材料表现出来。

（2）装饰摆件

运用大量带有新中式特色的装饰摆件，例如字画、屏风、盆景、瓷器、古玩、博古架等，可以很好地丰富室内环境。

←在新中式风格的家居中，可以通过中式摆件来呈现静谧的禅意空间，玉摆件、木石雕、陶瓷、花艺等都可以在空间里展示其独特的新中式韵味。

（3）木质装饰

新中式风格的装饰材料还会选用木质材料，多采用酸枝木或大叶檀木等高档硬木，由工艺大师进行精雕细刻，造型十分典雅。

←木质装饰上雕刻有具备自然情趣的花、鸟、鱼、虫、等图案，还会运用到中国结、如意、回字纹等元素。

4.设计手法

（1）增加中式隔断

新中式风格讲究空间的层次感，在玄关处需要有隔绝视线的地方，一般会采用中式特色的屏风、窗棂、中式木门、工艺隔断以及简约化的中式博古架等来分隔空间。

←增加中式隔断可以很好地展现出新中式风格家居的层次之美。而像窗棂、砖雕、门墩等这些传统住宅中的建筑构件，也可以用来做局部装饰，也能使整体空间形式上更丰富。

（2）运用经典色彩

在新中式风格的居室中可以通过采用色彩搭配上的技巧，使房间既秉承了中式古风，同时又不失现代城市气息。

←新中式风格的家居中色彩比较沉稳，部分比较深，搭配其他色彩，整个居室的氛围也会比较和谐。

（3）综合运用中式软装

在新中式风格的家居中还可以搭配一些饰品，例如瓷器、陶艺、中式窗花、字画及具有一定含义的中式古典物品等，这样也能给空间带来丰富的视觉效果。

←在软装的饰品上，可以选择富有生气的植物，能够给人一种清新、自然的感受；布艺制品的巧妙运用也能使客厅的整体空间在色彩上鲜活起来。

（4）对称

新中式风格的空间设计大多给人方正之感，可以采用对称式的布局方式，来打破传统空间布局中等级、尊卑等文化思想，构建出高雅清幽、端庄却含蓄的东方格调，同时也能使整体空间的视觉感更加丰富。

（5）现代元素

新中式风格是在传统中式风格之上有所创新的现代生活理念，主要通过提取传统家居的精华元素和生活符号来进行合理的搭配、布局，在整体的家居设计中既有中式家居的传统韵味又可以更多地符合现代人居住的生活特点。

↑家具和装饰品同样也讲究对称，室内可以用字画、古玩、卷轴以及精致的工艺品等来加以点缀，以此凸显主人的品位。

↑在新中式风格家居中，色彩可以选择对称色，即在同一空间内对称的物件选择同一色系，也能使空间内容更丰富。

←新中式风格通过将现代元素和传统元素结合在一起，使其更加实用、更富现代感，更符合当代年轻人的审美观点。

🏛 图解小贴士

中西方建筑的差别

中西方传统建筑本质上的不同主要表现在空间上，中国的传统建筑，无论是北方的四合院还是西南的一颗印、三房一照壁，基本都是内向围合形的建筑，私密性比较好，自家形成一个小院子，受外界干扰少。西方建筑则多是开放式的，通透性也相对较好，非常利于观赏周围的景色。

5.特色

（1）具备创新性

新中式风格的家具会融入更多的现代元素，在依旧保留传统中式风格中的象征性元素的基础上，会选择具有现代感的纹样来装饰家具。

←新中式风格的家具造型更为简洁流畅，雕刻图案也会更多地将简洁与复杂巧妙地融合，既透露出浓厚的自然气息，又能展现出精致的工艺。

（2）实用性

新中式风格的家具同时也具备一定的实用性，例如沙发扶手、靠背以及座板等，这些都融入了科学的人体工程学设计。

←新中式风格的家具同时也具有严谨的结构和线条，沙发坐垫部分的填充物材质比较软，靠背部分偏硬，加上特制的腰枕，整体设计贴合人体曲线，更具人性化。

（3）融入现代工艺

新中式家具在造型上突破了中国传统明清家具的雏形，还导入了现代化的干燥、收缩工艺，同时也满足了现代人的审美需求和功能需求。

←新中式风格的家具摒弃了以往古代红木家具中规中矩的劣势，充分结合当代历史和设计工艺，展现出中华民族朴实无华的特质。

（4）书香气息十足

新中式风格的家具在设计上继承了先人的成熟构思，同时引用了大量富有特色的设计元素，因而书卷味十分浓郁。

←新中式风格的家具气场十分灵动，它是文人画、文人诗词的延展，与笔、墨、纸、砚搭配在一起，满满的书香韵味。

（5）色调重

新中式风格的家具部分色调较重，文化品位浓郁。

←为了平衡新中式风格的整体色调，可以通过其他界面和装饰的浅色调来中和家具的深色调。

（6）舒展性

新中式风格的家具在造型上充分考虑了舒展性以及人体本身与家具结构的适用性，这种舒展性从家具的扶手、靠背等的比例关系中可以看出来。

←新中式风格的家具设计谨遵美的法则，设计非常写意，同时也具备了实用性的人性化特征。

6.注意事项

（1）注意传统家具的搭配

在新中式风格中依旧还会运用到传统家具，这里的传统家具主要是指明清家具，新中式风格并非完全意义上的复制古代中式风格的特性，它是在传统家具的创新装饰基础上搭配上局部明亮的色彩，更多的在于追求与现代时尚感的融合，从而使古典符合现代消费者的审美要求。

↑室内空间中最大的成分就是家具，能够完整地展现出新中式风格的特色也离不开家具，在家居中综合运用现代家具和传统家具，效果会更好。

↑在新中式风格的家居中，不推崇大量的使用明清家具，也不建议大量使用现代家具，明清家具能很好地体现风格特色，但需要装饰物来进行合理的搭配。

（2）注意空间层次感的营造

新中式风格完美地复制出了中国古典家居对空间层次感的要求，在设计中依据住宅人口密度和隐私密度的标准来对空间进行划分，并利用雕花屏风等区分不同的功能空间。

←空间层次感的营造可以使单间房屋也能得到充分利用，并且给人一种大而不空的神秘感，而不是一眼望尽的感觉。

 图解小贴士

新中式风格的优点

新中式风格营造的是极富中国浪漫情调的生活空间，室内多有红木、青花瓷、紫砂茶壶以及红木工艺品等，这些都体现了浓郁的东方之美。

（3）注意空间装饰线条的应用

新中式风格很大的一个特点就是线条十分硬朗，主要体现在家具上和其他空间装饰上，这和西方家居风格有着极大的区别。新中式风格的家具以直线条居多，造型简单，色彩浓重，格调高雅，材质多以木头为主，例如上等的杉木或红木。

（4）注意确定好基本色调

新中式风格的色彩或浓重、大胆，或素雅、含蓄，都可营造出低调睿智、内敛而温润的居室氛围，也能展现新中式的古典与现代汇融的精彩瞬间，但要注意提前确定好基本色调，并以此为基础选择其他搭配的色调，一般建议选择以中性色为基本色调。

↑在新中式风格的家居中，空间装饰线条的硬朗性主要表现在装饰多采用直线条，装饰色彩也比较沉稳，空间整体结构都十分稳定，不会出现色彩凌乱的问题。

↑家具各部位的线条多以直线条为主，更符合中国古代建筑中四平八稳的设计理念，家具的稳定性也会更强，整体视觉感也会比较平衡。

←新中式风格的家具多以深色为主，为了平衡空间基本色调，墙面装饰色彩一般以黑、白、灰为主，或者以红、黄、蓝等作为局部点缀色彩。

🏛 图解小贴士

如何更好地表现新中式风格

要能更好地表现新中式风格，需要控制好功能的变形、形式的变形以及手法的变形，功能的变形在于如何将新功能与旧形式以及旧功能与新形式组合在一起；形式的变形在于通过位置的改变、形式的简化等来体现时空感；手法的变形在于将现代和传统设计手法完美融合。

具有现代风的装饰画

花艺摆件

传统中式与现代结合的沙发

中式元素吊灯

中式屏风

现代沙发

对称图案抱枕

四平八稳的茶几

造型简洁的圆凳

博古装饰柜

4.3 欧式古典风格

历史上的欧式古典风格经历了古罗马、古希腊的经典建筑的融合后，逐渐形成了具有山花、雕塑、柱式等主要结构的石质建筑装饰风格，并在文艺复兴之后，欧式古典风格中的巴洛克风格以及洛可可风格在欧洲建筑室内设计风格中也起到了无法替代的关键作用。

1.风格特色

（1）极端的色彩运用

欧式古典风格的色彩运用有两种极端的分类，一种是以白色、浅色为底色来搭配深色家具或白色家具，以此来展示居室的优雅高贵与浪漫温馨；另一种是用浓烈、厚重、华丽的墙面搭配各式造型繁复优美、色泽艳丽的家具来达到雍容奢华的效果，这样的装饰会运用大量的金色与银色。材料的运用也达到了极致。

↑深色的色彩，可以彰显出浓郁的欧式古典气息，白色系搭配深棕色以及金色等,则能凸显出欧式古典风格的浓墨重彩。

↑为体现华丽的风格，家具、门、窗多漆成白色，家具、画框的线条部位则可以饰以金线、金边。

（2）高贵、优雅

欧式古典风格中的金黄色和棕色的配饰可以很好地衬托出古典家具的高贵优雅，古典华丽的窗帘和地毯、古朴典雅的吊灯也能使整个空间更为气势磅礴。

←欧式古典风格在造型方面极为讲究，以欧式线条勾勒出的不同造型，充满华贵感，此外，在局部点缀绿植鲜花，也能很好地营造出舒适的氛围。

2.装饰元素

（1）家具

欧式古典风格的家具款式优雅,能给室内空间增加不少美感。

←欧式古典风格的家具通常采用柚木、橡木、胡桃木、黑檀木、天鹅绒、锦缎和皮革等制作,五金件会采用青铜、金、银、锡等制作。

（2）壁纸

欧式古典风格的居室更多地会选择一些有特色的壁纸进行装饰,例如画有圣经故事及人物等内容的壁纸等。

←带有卷叶草、螺旋纹、葵花纹、弧线等欧式古典纹样的壁纸可以很好地装饰墙面,同时也能重点表现欧式古典风格如宫廷般的华贵绚丽感。

（3）装饰品

在欧式古典风格的家居中可以选择挂置带有古典气息的油画或摄影作品,并且可以选用线条繁琐、厚重的画框来对其进行装饰。

←欧式古典风格的绘画作品会利用透视手法来营造空间开阔的视觉效果,所选择的雕塑品也充满动感,富有激情,能够丰富空间的内容。

（4）地板

地板运用得当也可以起到一定的装饰作用，不同面积的空间适合选择不同的地板材料。

←欧式古典风格的大客厅，地板可以采用石材进行铺设，显得华丽大气，而普通居室和餐厅则建议铺设木质地板。

（5）地毯

地毯是欧式古典风格地界面装饰的主要角色,地毯的舒适脚感以及独特的质地与欧式古典家具的搭配互相映衬。

←带有欧式古典纹样的地毯可以很好地与室内的家具相搭配，不同材质的地毯也能带来不同的视觉感受。

（6）灯饰

灯饰和家具一样，同样也是欧式古典风格家居中的重要角色，不同款式的灯饰能够为室内空间营造不一样的氛围。

←欧式古典风格的灯饰设计适宜选择具有欧式风情的壁灯,灯光朦胧而浪漫,传承着浓浓的西方文化底蕴 。

3.家具特色

（1）多元化

欧式古典风格的家具款式多变，意大利新古典主义风格的激情浪漫、西班牙新古典主义风格的摩登豪华以及美式新古典主义风格的自由粗犷，这些成就了欧式古典风格家具多元化的特点。

←意大利工匠迷恋手工制作，就连细节都强调尊贵，受其影响，欧式古典风格的家具不仅具备古典遗风，同时设计精雕细刻，造型十分精美。

（2）由繁化简

欧式古典风格家具抛掉了过于复杂的装饰，简化了线条，但同时还保留了古典家具的材质，将古朴与时尚融为一体，这也是欧式古典风格家具的生动体现。

←欧式古典风格的家具会与白色糅合，使色彩看起来明亮、大方，这种色彩的搭配形式也能使整个空间给人以开放、宽敞的感觉。

（3）精雕细刻

欧式古典风格的家具不论线条还是雕工，都讲究一个精字，这也是为了更好地展现欧式古典风格的高贵气质。

←欧式古典风格的家具一般会采用宽大精美的造型,同时搭配精致的雕刻,能给室内空间营造出一种稳重、华丽、高贵、大气的感觉。

4.注意事项

（1）选择合适的家具

具备欧式古典风格的家具在选购时要尽量选择款式优雅、造型灵动的，目前有一些欧式古典风格的家具，在造型款式上仍显得很僵化，特别是一些细节处理部位，例如弧形或者涡状装饰等，设计都显得拙劣。

（2）注重墙面装饰

在欧式古典风格的家居中，对于墙面装饰的具体表现也十分重视。墙面一般会镶以木板或皮革，再在上面涂上金漆或绘制优美图案；顶棚则会以装饰性石膏工艺来进行装饰或饰以珠光宝气的丰富油画。

↑好的家具一定厚重凝练、线条流畅、高雅尊贵，并且在细节处还会雕花刻金，工艺一丝不苟，让人丝毫不觉局促，同时还要注意靠垫的面料和质感。

↑家具色彩也是考虑的一方面，目前欧式古典风格中白色和浅色系的使用频率较高，可采用白色或色调比较跳跃的靠垫搭配木质家具。

←涡卷与贝壳浮雕也是墙面常用的装饰手法，雕刻精美的贝壳可以带来浓郁的高贵感，同时富有寓意的壁纸也能很好地对墙面进行装饰。

🏛 图解小贴士

古典风格在设计时强调空间的独立性，配线的选择要比新古典复杂得多，因此会更适合在较大别墅、宅院中运用，而不适合较小户型。

（3）选择合适的地面材料

室内空间的不同结构要选择不同的地面材料，复式一楼大厅的地板可以采用石材进行铺设，这样会显得比较大气，而普通空间的客厅与餐厅建议铺设木质地板，如果选择部分用地板，部分用地砖，反而会适得其反，房间会因此显得狭小。

（4）材料和配饰要选择好

欧式古典风格更多的会采用樱桃木、胡桃木等高档实木以及欧式壁纸、大理石等来装饰空间，这些材质可以很好地彰显出欧式古典风格家居高贵、典雅的贵族气质。室内还会运用带有图案的壁纸、地毯、窗帘、床罩、床幔以及古典式装饰画或物件等来凸显风格魅力。

材料搭配

←地面材料的色彩要与其他界面色彩相协调，如果家具色彩很深，建议地面材料色彩选择浅色或中性色。

↑仿古地砖也是欧式古典风格家居中会运用到的一种地面装饰材料，它可以很好地营造高贵感。

←不同色彩的材料要搭配不同材料、不同色彩的配饰，同时配饰的风格也要和家具以及室内整体空间的风格相协调。

图解小贴士

欧式古典风格的特点

欧式古典风格继承了巴洛克风格中豪华、动感、多变的视觉效果，也吸取了洛可可风格中唯美、律动的细节处理元素，尤其是风格中深沉里显露尊贵，典雅中浸透豪华的设计哲学，受到了社会上层人士的青睐，也成为这些成功人士享受快乐，追求理想生活的一种写照。

5.巴洛克风格

巴洛克风格的主要特色是强调力度、变化和动感，以此来突出夸张、浪漫、激情和非理性、幻觉、幻想的特点，同时也强调建筑绘画与雕塑以及室内环境等的综合性，倡导打破均衡，强调设计的层次和深度。

（1）带有宗教意义

巴洛克风格具备豪华的特性，同时也带有宗教特色以及享乐主义的色彩。

←巴洛克风格是17～18世纪在意大利文艺复兴建筑基础上发展起来的一种建筑和装饰风格，因此设计多带有浓重的宗教色彩。

（2）具有综合性

巴洛克风格是一种激情艺术，非常强调艺术家的丰富想象力，同时也强调艺术形式的综合手段，以及结合文学、戏剧、音乐等领域里的一些因素和想象。

←巴洛克风格追求富丽的装饰，且会综合运用雕刻和强烈的色彩，家居中还会经常运用到穿插的曲面和椭圆形空间。

🏛 **图解**小贴士

巴洛克风格的特点

巴洛克风格是一种追求繁复夸饰、富丽堂皇、气势宏大、富于动感的艺术境界的风格，在设计中经常会采用曲线、弧面等，例如华丽的破山墙、涡卷饰、人像柱、深深的石膏线，以及扭曲的旋制件、翻转的雕塑等，以此来突出喷泉、水池等动感因素，这种设计形式打破了古典建筑与文艺复兴建筑的常规，也符合欧式古典风格极力强调运动的设计理念。

6.洛可可风格

洛可可风格是18世纪产生的抽象艺术，而18世纪早期的洛可可风格更像是纠缠燃烧的火焰，没有明确的图形变化，只是随意地成为宫殿镶板的装饰物。在随后的100年里洛可可风格才有了精确的发展，例如，最初类似于海洋生物的扇形图案逐渐演变成接近于真实的贝壳图案。

（1）贝壳主题

贝壳是洛可可风格中经常会运用到的重要主题，洛可可一词就是根据贝壳工艺演变而来的。1699年，建筑师、装饰艺术家马尔列在金氏府邸的装饰设计中大量采用了这种曲线形的贝壳纹样，由此可见贝壳图案明显是洛可可风格的点睛之笔。

（2）S形的运用

洛可可风格的家居中多采用造型高耸纤细、不对称的图形，同时还会频繁地使用形态、方向多变的S形或者涡卷形的曲线、弧线，这种曲线具有很强的生物性，也使得洛可可风格具有某种攻击性，例如，将一件洛可可风格家具置于厅堂之中，会发现它在无形中已经对整个空间的内部气场产生了深刻的影响并改变了整个空间的气场，让整个环境处于一种强烈的氛围之下。

→洛可可风格的家居中经常会使用明快的色彩和纤巧的装饰来对空间进行装饰，偶尔也会运用到贝壳图案。

←大量的卷曲图案好似向外伸展的羽毛，让人神往，与其他曲线纠结在一起，叫人难辨是植物还是生物，颇具神秘感。

（3）细腻柔媚

洛可可风格细腻柔媚，善用金色和象牙白，色彩明快、柔和、清淡却豪华富丽，顶棚和墙面有时会以弧面相连，在转角处还会布置壁画。洛可可风格的室内会采用嫩绿色、粉红色、玫瑰红等鲜艳的色调来进行墙面粉刷，线脚大多用金色。

←洛可可风格常采用不对称手法，善用弧线和S形线，尤其爱用贝壳、旋涡、山石等作为装饰题材。

（4）纤弱温柔

洛可可风格具备女性的柔美感，设计追求纤弱温柔感，最明显的特点就是以芭蕾舞为原型的椅子腿，腿部细节不仅雕刻精致，同时也可以清楚地看到不同的曲线带来的柔美感以及融于家具当中的韵律感。

←洛可可风格的室内装修造型优雅，制作工艺、结构以及线条等均具有婉转、柔和的特点，所营造的空间也十分明朗、亲切。

（5）奢华感

←洛可可风格中造型优美的家具以及独具文化特色的装饰品都能营造很强的奢华感。

装饰壁画

欧式壁灯

图案壁纸

古典艺术台灯

带有奢华感的水晶吊灯

富有曲线的沙发

陶瓷摆件

古典地毯

拼花地砖

石膏像

4.4 新古典风格

新古典风格糅合了现代社会的元素，这种风格有别于传统的古典风格，设计中减少了雕花的使用频率，并在古典风格的基础上做简化，虽然去除了古典主义风格上繁复的雕饰，但古典主义的韵味丝毫没有减弱，设计同样能表达出古典主义所要表达的情怀。

1.源起

新古典主义开始于18世纪50年代，它的出现是出于对洛可可风格轻快和感伤特性的一种反抗，也是对古代罗马城考古挖掘的再现。这种风格同时也体现出人们对古代希腊罗马艺术的兴趣。新古典风格巧妙地运用曲线和曲面，设计中追求动态变化，而到了18世纪90年代以后，这一风格逐渐变得更加单纯和朴素庄重。

新古典风格尊重自然、追求真实，以复兴古代的艺术形式为宗旨，设计庄严肃穆、典雅优美，但同时又区别于传统的古典风格，摒弃了传统风格中抽象、绝对的审美概念以及贫乏的艺术形象。新古典风格还将家具、石雕等带进了室内陈设和装饰之中，拉毛、粉饰以及大理石的综合运用，也使得室内装饰更讲究材质的变化和空间的整体性。

新古典风格还具有深厚的社会基础和文化底蕴，同时也是时代发展的必然产物，主要体现在对古典建筑的深刻理解上，设计会运用现代化工艺手段，例如金属、大面积玻璃等来表现一种典雅精美、富有装饰味的建筑风格。

随着经济改革的发展，人们在经济生活水平得到极大改善之后，对文化艺术的追求也在不断地提出新的要求，在林林总总的风格流派中，新古典风格在文化品位、视觉冲击力和价值感等方面均有着其他风格不能比拟的独特优势，设计也能充分满足大众消费层的需求和口味。

↑新古典风格既保留了原来古典风格材质、色彩的大致特色，同时也让人感受到传统的历史痕迹与浑厚的文化底蕴。

↑新古典风格摒弃了过于复杂的肌理装饰，简化了线条，设计从简单到繁杂，给人全新的感受。

2.风格特色

（1）简洁、实用

新古典风格的特色即是将繁复的装饰凝练得更为含蓄精雅，为硬而直的线条配上更加柔和的软性装饰，将古典注入简洁实用的现代化设计中，使得家居装饰更具有灵性。

←新古典风格的简洁、实用一方面体现在家具细部的纹样上，另一方面则体现在色彩上。

（2）时代感

新古典风格充分地将怀古地浪漫情怀与现代人对生活的需求相结合,使得室内空间内充满高雅的古典情趣。

←新古典风格兼容华贵典雅与时尚现代，设计反映出后工业时代个性化的美学观点和文化品位，同时也彰显出浓重的时代色彩。

（3）装饰性

在新古典风格的家居中，也非常重视空间的装饰性，设计讲究手工精细的裁切、雕刻以及镶工，在突出浮雕般立体的质感的同时，空间内也能营造出不同寻常的优美感。

←空间装饰可以通过线与线的交织来拼接出形状不同的图案，以此来营造出雍容淡雅的韵律感，细节处精雕细琢的线条也具有一定的观赏性。

（4）大气

通过家具、色彩以及软装陈设等可以很好地为新古典风格的家居营造大气感，具备古典气息的装饰品也能增添空间的优雅感。

←通过古典而简约的家具、细节处的线条雕刻以及富有西方风情的陈设配饰品的搭配，可以为室内空间营造出欧式特有的磅礴与大气。

（5）高雅

高雅是新古典风格的代名词，色彩运用合理，不仅可以营造高雅的室内氛围，同时也能使人心情愉悦。

←白色、金色、黄色以及暗红色是新古典风格中常见的主色调，而新古典风格的门套、垭口、窗套以及门等都是以白色混油为主。

（6）艺术气息

新古典风格的家居中也充满艺术气息，这与新古典风格的形成时期和发展地域有很大的关系。

←新古典风格家具的整个轮廓和各个转折部分多由对称的、富有节奏感的螺旋形曲线或曲面构成，设计力求在线条和比例上能够充分展现出丰富的艺术气息。

（7）形散神聚

形散神聚是新古典风格的主要特点，在注重装饰效果的同时，还会运用现代的手法和材质来还原古典气质，兼具了古典与现代的双重审美效果。

←新古典风格是融合风格的典型代表，但并不意味着新古典风格的设计可以任意使用现代元素，设计也不可随意堆砌。

（8）轻奢、精美

新古典风格在保持现代气息的基础上，不再追求表面的奢华和美感，反而变换各种形态，选择适宜的材料，再配以适宜的颜色，使得新古典风格具备轻奢感。

←客厅沙发是新古典风格的重要体现,通常沙发会采用纯实木手工雕刻，并配以皮质或棉质材料作为沙发面。此外，意大利进口牛皮和用于固定的铜钉也能表现出强烈的手工质感和精美感。

（9）创意性、舒适性

新古典风格在设计过程中仍旧倡导创意性和舒适性，家具造型简约，视觉清新感很强。

←新古典风格崇尚的是一如既往的舒适，没有复杂的隔断，整个空间营造出充满人性的亲和感。

3.装饰元素

（1）饰品

新古典风格的家居中会选用古典床头、蕾丝垂幔、油画、羊皮、带有蕾丝花边的灯罩、铁艺或天然石磨制的灯座、玫瑰花饰以及古典样式的装饰品等。

←色调淡雅、纹理丰富、质感舒适的纯麻、精棉、真丝、绒布等天然华贵面料的布艺品能很好地点缀空间。水晶等精致、华美的饰物和考究的手绘装饰画也可以成为新古典风格家居中的点睛之笔。

（2）灯具

灯具在与其他家居元素的组合搭配上也需要格外注意，例如，在卧室内可以将新古典风格的灯具搭配洛可可风格的梳妆台，给人一种古典的优雅与雍容感。

←灯具可以给新古典风格的家居营造更完美的室内氛围，同时灯光也能创造不同情绪。

（3）壁纸

壁纸是新古典风格中重要的装饰材料，要求具有经典却更简约的图案、复古却又时尚的色彩。

←壁纸可以很好地表现风格特色，金银漆、亮粉以及金属质感材质的全新引入，也为壁纸的装饰功能提供了更广的发挥空间。

白色陶艺品

白色家具

艺术吊灯

棉麻窗帘

棉麻抱枕

装饰画

铁艺台灯

跳跃的红色沙发

花艺饰品

简约曲线造型茶几

4.5　简欧风格

简欧风格糅合了简约主义的利落以及欧式风格的精致与华丽，既摒弃了复杂的肌理和装饰，又保留了材质、色彩的感受,同时还吸收了现代风格的优点,简洁、时尚且富有内涵，十分受到年轻新贵的追捧。

↑简欧风格中融入了许多现实性元素，使得空间多了一些实用性功能，但是在风格的整体上又拥有享受自然与休闲的美好感觉。

↑简欧风格是对古典欧式风格的继承与改良，空间内也会萦绕浓厚的历史文化气息。

1.风格特色

（1）浅色调

简欧风格通常会使用较浅的色调，或者使用对比色，底色大都以白色和浅色为主，家具更倾向于深色，也有部分家具会选择白色。

↑白色是中性色，白色作为空间中的主体色更有利于室内环境选择搭配色。

↑浅色调的应用能够创造一个更舒适的室内空间。

（2）立体感

简欧风格善于利用线条来营造空间立体感，对线条把握十分精准，设计也能自然地衬托出典雅高贵的氛围。

←简欧风格的家具一般会做特别的工艺处理，造型自然简洁又不会过分单调。例如，简欧风格鞋柜的百叶门以及电视柜的吸塑门，线条不繁复也不乏味。

（3）分区明确

简欧风格的家居整体给人感觉比较简约，功能区布局清晰，可以满足睡眠、学习、休闲以及储物等多种功能。

←简欧风格的家居分区明确，且分区还具备多功能性，如果窗台下是飘窗，那么在飘窗两侧可以设置储物柜和书桌，这样也能丰富室内环境。

（4）注重细节

简欧风格十分注重细节处的设计，不论是壁纸的颜色、灯具的款式、枕套的色彩还是软装等都要与整体风格和谐搭配，从而达到简约却不简单的视觉效果。

←细节处的处理还包括家具脚部纹样的设计，色彩的选择以及装饰品的材料选择等，这些都能为室内家居创造不一样的简欧风格。

（5）实用性与多元化

简欧风格在功能要求上更多的是追求实用性与多元化，而为了满足日常生活的需求，简欧风格首先会更注重实用性，其次才会体现其多元化的特点，来满足人们的娱乐需求。

←简欧风格将务实与多元相结合，既有欧式风格的华丽，也不失简约风格中的简洁，这种风格的主色调多为象牙白，并会搭配各种浅色系的欧式纹理。

（6）对称性

简欧风格在结构上会表现出对称性的特点，这点非常符合中国传统的建筑风格，因此也更能符合中国人的审美要求。

←简欧风格所拥有的对称性特征可以使室内环境显得更匀称，空间也会更平衡。

（7）质感

简欧风格还十分有质感，这里所说的质感是指装修装饰材料的材质和做工既精细又搭配得当，能够给整个室内空间带来不一样的神韵。

←不同的材料拥有不同的质感，因其材料纹理不同，所营造的视觉效果也有不同，在简欧风格的家居中，选择材料要依据室内所要呈现的主题和氛围来定。

（8）运用几何图形

简欧风格的家居中也会频繁地使用到几何图形，一般会使用圆形和方形等几何图形，这也是简欧风格的一大特点。

←在造型上，简欧风格主要会选择圆形和方形，这两种几何图形也能更好地展现出简单主义的特质。

（9）华丽感

简欧风格整体色调以白色为主，深浅色调作辅助，多选择米色和金色等。通过不同颜色的对比，也能很好地呈现出空间的华丽感。

←色彩对营造空间的华丽感有十分重要的作用，不同的色彩调配可以让空间内容更丰富，同时也能增加空间魅力。

（10）清新感与舒适感

简欧风格的家居能给人一种清新自然的印象，同时还坚持环保绿色理念，所使用的装修材料均是欧洲环保标准，例如，家居中最常用的家具板材就有环保指数比较高的木香板。

←简欧风格摒弃了繁琐的装饰，简单的室内布局也使得空间从视觉上看起来更加简约舒适。

2.色彩搭配

（1）黄色系

　　黄色系是简欧风格中常用的色系，黄色本身从视觉上看就比较亮眼，能够很好地引人注目，这也表明了一旦黄色没有搭配合理，色系过于饱和，那么单从视觉上就会感觉到十分不舒适，空间的平衡感也会被打破。

（2）粉色系

　　粉色系是少女的色系，本身就充满浪漫与舒适感，但大面积运用纯度非常高的粉色反而会造成相反的效果，大面积的纯粉色装修而没有搭配其他色系会很容易令人产生烦躁感，因此在简欧风格的家居中，色彩还是建议选择淡粉色系，同时搭配其他色系来共同装点空间。

↑黄色系的简欧风格客厅可以让家居色彩像小清新复古一般，也能使你在工作疲惫之时回到家还能感觉到温暖与自由舒适。

↑淡淡的黄色墙面搭配上同色系的简欧风格卧室，再搭配一些小饰品，温暖与舒适感扑面而来。

←在简欧风格的家居中，软装背景墙上都有粉红色的运用，既简单又好看。而在一个简欧风格的客厅中搭配一款粉色可爱的沙发，也会给人一种十分惬意的感觉。

🏛 **图解**小贴士

简欧风格的设计细节
　　简欧风格中的设计细节主要有罗马线、挂镜线、腰线、拱形、顶部吊灯、墙地面装饰以及木材等。

（3）复古色

复古色也是简欧风格的家居中会运用到的一种色系，复古色并不单单只代表一种颜色，而是指一种色调，这种色调能够给人一种比较怀旧，比较古朴的感觉，色系从视觉上感觉比较暗。很多色彩其实都能表现出这种复古的感觉，例如黄色、红色和黑色、白色结合恰当，也能营造很好的复古感。

↑在简欧风格客厅的中心位置上放上一张韵味十足的复古色的茶几，就可以很好地凸显出茶几本身的复古风格特色。

↑复古色在目前使用频率较低，在实际运用中要注意调节好其于空间内主色调的从属关系。

（4）绿色系

绿色系其实包含有很多种色彩，例如豆绿色、橄榄绿色、草绿色、茶绿色、森林绿色、苹果绿色、灰湖绿色、水晶绿色、墨绿色、碧绿色以及灰绿色等，而在简欧风格的家居中应该选择比较淡的绿色来装饰空间，这样也能营造更好的清新感。

←苹果绿装修出来的墙面是整个客厅最温馨的部分，绿色系的装修不仅能展现出一份小清新自然的感觉，细节之处也能展现出高雅大气感。

图解小贴士

对于简欧风格的装修来说，色彩的搭配相当重要，简欧风格一般是选择白色和淡色为主，但就算有深色也没关系，只是色彩能成统一系列，统一风格就可以，而对于一些布艺饰物的选择，丝质面料是首选，这才是和简欧风格相搭配的组合。

3.注意事项

（1）选择合适的家具

在选择家具时，要注意和简欧风格的细节相呼应，例如，家具颜色可以选用白色或者暗红色，图案可以是复古造型的样式。此外，在简欧风格的家具选择上，一方面要保留欧式材质、色彩的大致风格，同时又不需要有过于复杂的肌理和装饰，简化线条，空间才会显得大而不繁杂，颜色和线条也会更具有柔和感，这样也能在日常的家居生活中营造出不同的感觉。

（2）选择有特色的墙面装饰

在简欧风格的家居中还可以选择一些比较有特色的墙面装饰来丰富空间，可以借助硅藻泥墙面装饰材料进行墙面圣经等内容的展示，这种以故事为设计图案的墙面装饰具备了很强的欧式特征。

↑简欧风格的家具在颜色上大多都以白色、淡色为主，再加上灯具的效果，整体也能营造出柔和、自然、浪漫的氛围。

↑简化线条后的家具具备了简约美感和现代设计感，但在选择时还要注意和整体风格相搭配。

→在简欧风格的家居中，还可以选择带有条纹或者碎花图案的壁纸来装点空间，同样可以营造很好的视觉享受。

图解 小贴士

对于简欧风格而言，家具的选择一般在颜色上多是白色，家具的表面基本都会有精美的雕琢痕迹，这也能很好地凸显出简欧风格的典雅与大气。

（3）选择合适的灯具

简欧风格在灯具的选择上，更倾向于柔和的风格，略带造型与古朴的灯具是简欧风格所善用的，钢制材料和华丽的细碎的水晶灯一般不会用于简欧风格中。

←灯具可以选择一些外形线条柔和或者光线比较柔和的，例如铁艺枝灯，造型和艺术感兼具。

（4）选择合适的装饰品

在简欧风格的家居中要选择色彩、材质都比较搭配的装饰品，装饰品也要和空间比例相协调。

←装饰品的陈设同样也是需要注意的部分，艺术类装饰品要互相协调，切忌不伦不类；装饰品摆放时还要注意质感的搭配以及色彩的对比等。

（5）适当融入现代元素

在简欧风格的家居中还可以融入一些休闲元素，也可以加入一些带有典雅气息的装饰，这些元素可以让空间富有小情调。

←简欧风格可以根据实际需求来进行设计，没有太大的局限性，更多的是给居住者带来一种简约之感。

（6）处理好地面

在简欧风格的家居中，对于地面的处理同样也很重视，一般多采用铺贴地板的形式，地板要注意选择材质较好，环保系数较高的。

←如果在室内采用石材或瓷砖铺贴，为了展现简欧风格简约、大气的特性，复古气息一定不能太过浓郁，尽量少选择复古色。

（7）注意墙面设计

简欧风格的墙面处理一般相对来说是比较简单的，墙面设计能够凸显出简欧风格的质感和时尚气息即可。

←可以选择用一些饰物来装点墙面，也可以通过壁纸来装饰墙面，但要注意选择壁纸时一定要和简欧风格相协调，尤其是壁纸的内容要符合简欧风格的特色。

（8）重视顶棚设计

简欧风格的房屋顶棚十分适合相对简单的造型，可以适量地融入一些现代元素，同时可以与圆形和方形元素相互搭配，此外灯具和灯饰也忌用繁琐华丽的造型灯。

←简欧风格适合比较简约、拙朴的灯具，与室内其他元素搭配，也能让整个房间的顶部显得更开阔和得体。

具有欧式特色的圆拱形

拥有柔和光线的艺术吊灯

绿植

富有特色的顶棚造型

装饰画

橙色的软质沙发

大件木质装饰品

花艺饰品

深色沙发

蓝色宽条纹壁纸

4.6 北欧风格

北欧风格倡导简洁明了的设计，室内空间多以浅淡的色彩为主，以此来为空间营造洁净的清爽感。家居中常用的装饰材料主要有木材、石材、玻璃和铁艺等，而在具体设计时都无一例外地保留了这些材质的原始质感。在各界面装饰上，室内的顶、墙、地等界面，几乎不会采用纹样和图案装饰，而是仅仅只用线条、色块来区分点缀，这种简约的设计风格也越来越受到都市青年的喜爱。

1.源起

北欧风格起源于斯堪的纳维亚半岛，包括挪威、瑞典、丹麦、芬兰等国家，北欧风格以简洁现代设计著称于世。此外，北欧风也不是个新鲜词儿，它和20世纪50年代在北欧兴起的设计运动有关，也是许多人眼中象征极简、功能主义的设计风格，它通常还和不俗的生活品位、工艺精神挂钩。

北欧风格兴盛于20世纪60年代，在几位北欧设计大师的影响下，曾经风靡一时，直至20世纪90年代才逐渐有所没落，2000年之后，曾经风靡欧美一时的北欧风格重新归来，在很多亚洲国家也逐渐火爆起来。

↑北欧风格摒弃了浮华的线条和装饰，还原了材质的本来美感，简洁的线条和自然明快的色彩为空间增添了不少光彩。

↑北欧风格的空间注重光的运用设计，注重回归生活本质，设计也能够营造一种舒适又充满灵感的空间。

北欧风格起步于20世纪初期，形成于第二次世界大战期间，一直发展到今天，是世界上最具影响力的设计风格流派之一，设计讲求功能性，以人为本，纯粹、洗练、朴实是它的特性。此外，北欧风格的硬装大都十分简洁，室内白色墙面居多，北欧风格早期在原材料上更追求原始天然质感，例如实木、石材等，没有繁琐的顶棚，后期更多地开始注重个人品位的体现以及利用空间内各元素的不同装饰来表现出具有时代特征的个性化格调，空间中装饰性饰品不会太多，但大多饰品制作都十分精美，色彩和材质等也都十分符合北欧风格简洁的特性。

2.风格特色

（1）简洁

北欧风格实际上也是简约主义的体现,在顶、墙以及地界面的装饰上，仅仅只是采用简单的线条和色彩，家具也完全不使用雕花、纹饰。

←北欧风格留白的意义在于让室内环境更简洁明亮，还可以利用大面积采光来营造广阔的视野，由此也可以增强空间的简洁感。

（2）简单的配色

北欧风格多以黑、白、灰色为主调，并会采用中性色进行柔和过渡，而鲜艳活泼的纯色可以作为点缀色，这种简单的配色也能给人一种清爽明朗的质感。

←大面积的黑、白、灰色的运用会显得空间更开阔，空间内的主体色也要与背景色相呼应，同时也要避免同色系的单调点缀色。

（3）清新、淡雅

北欧风格的家居营造的是一种温馨浪漫的氛围，空间内多会运用柔和的灯光以及淡淡的色彩来进行搭配，配合上飘窗的设计，即使是简简单单的陈设，也能给人一种温馨舒适的感觉。

←可以在北欧风格的家居中适当地融入一些天然元素，这样不仅可以很好地体现天然之感，同时也能增强空间清新感。

（4）天然的装饰材料

北欧风格经常会采用原木、石材、铁艺和玻璃等天然材料，注重保留材质的质感，而木质材料是在北欧风格的家居中使用最为频繁的。

←在北欧风格的家居中会使用未经精细加工，但具有良好隔热性能的原木，这种方式也极大程度地保留了木材的原始质感和色彩。

（5）明朗、干净

北欧风格的明朗、干净主要体现在色彩的选择上，北欧风格的色彩不杂乱，色彩纯度在视觉上也会给人一种很干净的感觉。

←在干净的色彩中加入一些鲜艳的颜色，可以很好地点亮空间，同时也能协调好大量的浅色系带来的冷淡感，但要注意鲜艳的色彩不宜过多。

（6）简朴、自然

北欧拥有丰富的森林资源，因而北欧风格的家居中也随处可见木质材料，木材本身所具有的柔和色彩、细密质感以及天然纹理能够展现出一种朴素、清新的原始之美。

←在北欧风格的家居中可以选择棉麻布料，这样的材质给人的自然属性会更强烈，空间也会更具自然气息。

3.装饰元素

（1）浅色地板和木质材料

北欧风格所选用的木材不会有刻意的花纹，整体粗犷而简约，且地板也没有经过油漆的污染，充满了自然感。

←大面积的地毯会导致室内光线不足，而浅色的木地板，则能让室内光线看起来更明亮。

（2）色彩

色彩是北欧风格中很重要的一部分，黑、白、灰色为主调的空间色基本上是百搭色，搭配上偏粉带灰的暖和色，例如米黄色、灰蓝色、豆沙色、藕色等，可以很好地增加舒压感受。

←色彩主要来源于自然的材质，大地色的运用也能为室内增添视觉美感，象征蓬勃生命力的色彩也可以多多地选用。

（3）家具

北欧风格以简单装修为主，家居中多用家具来满足生活功能和营造风格质感，在家具的布置方面一定要注意把控好家具的复合功能。

←北欧风格中不可少的是一张可以容纳4~6人的大木桌，一张简单而富有设计感的单椅，整体空间布置中也会更多地运用原木材质和天然材质。

（4）灯具

受北欧地区气候的影响，北欧风格会十分重视灯具的选购，通常会选择既具备实用性又具备美观性的灯具。

←吊灯的选用会成为现代风格家居的重点观察对象，造型简单又具有北欧风格特色的浅色系吊灯会成为家居中的首选。

（5）火炉

北欧气候寒冷，在最初的北欧风格的家居中也会出现火炉的身影，而为了维持空间的简洁与明朗感，可以选择装饰性火炉，同样可以起到很好的装饰作用。

←装饰火炉的材料和色彩要与空间内的主色调一致，倘若想选用其他色彩，要注意控制好色彩的对比度，如果有需要或者空间够大也可以选择真实的火炉。

（6）植物和装饰品

北欧风格的家居中总是少不了生机勃勃的绿植点缀，它们通常被放置在墙角、窗台和桌子上。除此之外，一些象征个人风格的艺术作品也不失为一个点缀空间的好方法。

←为了保持北欧风格的完整性，艺术作品建议选择颜色和形状都比较简单的，装载植物的容器也建议以玻璃容器为主，比较能搭配北欧风格的开阔感受。

4.设计手法

（1）创造充足的光线

可以利用窗户来引入光源，以此创造充足的光线，同时还可以选择透光性较强的亚麻等轻质面料制作而成的窗帘。

←浅色系的家具能让家居空间看起来更敞亮，吊灯、落地灯、壁灯、台灯甚至是烛台等，也能为空间创造更多的光线。

（2）运用简单、自然的图案

简单、自然的图案能够营造非常强烈的天然感，简单的几何线条同样也能为北欧风格的家居创造清新感。

←V字形、羽毛图案以及海洋图案等自然元素的运用，可以很好地营造出简单、现代的家装氛围。

（3）善用鲜艳的色彩

鲜艳的色彩可以很好地装饰室内空间，强烈的色彩对比也能很好地凸显出活力和生活的趣味，空间气氛也会因此变得更明快。

←不同层次的绿色也是北欧风格家装的元素之一，无论是墨绿色还是苔绿色，都能为家居空间带来自然的气息。

（4）适当地运用木头、金属和皮革

适当地运用木头、金属和皮革等材料，可以很好地营造出北欧风格的家居。皮革可以营造出温暖的感觉，并且未经加工的皮革则有助于营造古朴的家庭氛围。木头作为北欧风格的家居中最常使用的元素，也能为家居空间增添自然感。例如，可以给乏味的白墙装上简单的木条，或是让大块的木头桁架显露出来，这样也能轻松地营造出休闲的氛围。

（5）根据空间选择家具

北欧风格的核心主要还是实用主义和极简主义，在选择家具时要符合家居的大小和内部结构，不要只在乎美观性，更多的还要考虑到适用性。

↑浅色的地板与空间内的白色主色调相互映衬，同时木质材料也和其他装饰品的质感相融合。

↑金属适合小面积的出现，例如水龙头、门把手和灯具等，它们可以打破冷淡，带来精致感。

←购买家具的时候一定要考虑到家居中所需的收纳空间，家具在保持简约设计的同时，也要兼具一定的收纳功能。

🏛 **图解**小贴士

北欧风格元素的特点

简单的黑白搭配永远是最经典的，客厅黑色的茶几，白色的沙发，会给人一种简单干净的感觉，同时空间张力感也会比较强。北欧风格不仅是一种设计风格，更是一种简单自然的生活态度，空间中极简的色彩彼此平衡调和，也能使整个空间产生一种低调的静谧感。

5.注意事项

（1）注意墙面的色彩选择

在北欧风格的家居中，墙面通常会刷成白色，而图案复杂的碎花壁纸、鲜艳涂料以及金贵顶棚等都不会出现在北欧风格的家居中。

←还可以选择独具特色的装饰画来装点墙面，这样也能缓解因为只涂刷色彩而带来的单调感。

（2）注意地面装饰材料的选择

浅色木地板是北欧风格中常见的元素，使用频率较高，此外，还可以在局部使用地毯，例如客厅沙发区、卧室等。

←在北欧风格的家居中，如果要使用地毯作为地面装饰材料，一定要注意地毯的颜色，建议优先选择中性色或浅色。

（3）注意饰品的选择

北欧风格的家居中一定要放置绿植或鲜花，客厅、厨房、卧室以及卫生间都可以放，盛放鲜花的容器也一定要简单精致，一般会选择纯白色器皿。

←具备强烈色彩的画作、别致的抱枕、民族风的小摆设等都可以让空间在展现自然舒适的同时还能呈现出鲜明的个人色彩。

不同风格对比见下表。

元素	图例	风格	特点	备注
色彩		中式古典风格	色彩对比融洽，一般是白色墙面搭配深棕色或者原木色家具	中式古典风格不建议使用蓝色、粉红色、紫色、绿色等来作为空间中的主色
		新中式风格	色彩比较沉稳，大部分色彩还是有中式古典风格的影子在	新中式风格是在中式古典风格基础上有所创新的一种风格，色彩更多的是给人一种现代感
		欧式古典风格	色彩比较极端，使用频率较高的是采用白色或浅色作为空间底色,然后再搭配深色或者白色家具	运用比较厚重、浓郁的色彩来搭配色泽艳丽的家具，空间中还会运用到金色和银色
		新古典风格	色彩能够给人一种高雅感，整体色彩搭配在一起不会显得杂乱，能够给人一种舒适感	常会在家居中使用白色、金色、黄色等，还会使用比较鲜艳的色彩来点缀空间
		简欧风格	以浅色调和对比色调为主，经常运用白色，以白色或者浅色为底色，然后再搭配其他色彩	能够给人一种清新、舒适的感觉，会运用到黄色、粉色、复古色、绿色、金色以及米色等
		北欧风格	以黑白灰为主色调，运用中性色来过渡，以活泼色来进行点缀，色彩比较明朗、干净	会使用到偏粉带灰的暖色、米黄色、灰蓝色、豆沙色以及藕色等
装饰品		中式古典风格	带有中国古典韵味，同时装饰品还能增强室内和谐的氛围，如字画、瓷器、中堂画等	字画装饰大多是矩形的和条形的，也会运用手卷形、叶形、扇形等式样
		新中式风格	装饰品同样会带有中国特色，瓷器、盆景等依旧在空间中有所使用	新中式风格的装饰品会融入更多的现代元素，木质类的装饰品大都做工精美，观赏价值高
		欧式古典风格	带有典型的欧式古典韵味，通常会选用油画、摄影作品等来作为墙面装饰	装饰品充满动感，充满激情，装饰品的色彩和材质的质感要注意和整体空间协调、统一
		新古典风格	装饰品种类较多，比较常用的有油画、手绘装饰画以及玫瑰花饰等	使用由铁艺或者天然石材打磨而成的灯座来作为装饰品，也会有意想不到的视觉效果
		简欧风格	装饰品的色彩、材质等都应与空间总体风格相呼应	装饰品相对于以往的欧式风格会更具备现代感与设计感
		北欧风格	装饰品的色彩、外形等都比较简单，运用植物、花卉等作为装饰品点缀空间	使用玻璃容器来盛放花卉，还可以使用具有特色的装饰画等来装点空间氛围

（续）

元素	图例	风格	特点	备注
家纺		中式古典风格	家纺大都绘制有自然元素，布艺色彩等都比较柔和，布艺上还会选用古风图案	龙、凤、龟、狮等图案象征着吉祥寓意的图案与经典故事会绘制于家纺之上
		新中式风格	多带有现代元素，代表中国的中国结、如意图案以及盘扣等也会出现在家纺上	新中式风格的家纺大多采用绸缎或者棉麻材料制作
		欧式古典风格	家纺具备浓郁的古典气息，色彩比较厚重，能够给人一种优雅、高贵的奢华感	欧式古典风格的家纺表面图案丰富，观赏价值高
		新古典风格	家纺的色调一般比较淡雅，整体给人一种大气感，能够很好地与室内其他元素相搭配	多选用蕾丝、纯棉麻、精棉、真丝以及绒布等材料来制作，触感十分舒适
		简欧风格	家纺无论是从材质还是色彩十分赏心悦目，多采用棉麻或者真丝材料制作而成	简欧风格的家纺很好地融入了现代元素，设计具备典雅感
		北欧风格	选用棉麻材料制作，给人自然感，棉麻触感不错，也能很好地丰富家居内容	北欧风格的家居中还会在家纺上绘制羽毛图案，代表海洋的图案以及V字形图案等
家具		中式古典风格	家具形式较多，做工精雕细琢，瑰丽奇巧，且一般家具表面还绘制有花、鸟、鱼、虫等图案	使用供案以及条案等家具，这类家具拥有典型的中式古典特征，庄严又浓重
		新中式风格	家具会融入现代元素，还会采取现代的干燥、收缩工艺，设计四平八稳，实用性强	具备很好的舒展性和人性化设计，家具多直线条，书香气息十足
		欧式古典风格	家具由柚木、橡木、胡桃木以及皮革等制作而成，五金件多选用青铜、金、银、锡等材质	欧式古典风格的家具具备多元化特征，设计同时兼具古朴和时尚感
		新古典风格	家具简洁、实用、大气，线条、比例也都十分合理，造型简约，视觉上具备很强的清新感	新古典风格的家具还具备创意性和舒适性，造型会运用到螺旋形或者曲线
		简欧风格	多以深色或者白色为主，造型自然、简洁，并经过特别工艺处理，设计具有一定的实用性	简欧风格的家具设计不单调，同时也没有复杂的肌理和装饰，线条比较柔和
		北欧风格	家具不会有太多的雕花和纹饰，多采用木质材料制作，家具各部位线条都比较简单	北欧风格的家具造型比较简约，色彩也比较淡

第5章
风格与生活的结合

识读难度：★ ★ ★ ☆ ☆

核心概念：极简主义风格赏析、工业风格赏析、
地中海风格赏析、新中式风格赏析

章节导读：

优秀的设计永远离不开前人的试验，而
对于不同风格家居的赏析则能帮助我们了解
前人设计的思想与理念，同时也能了解到不
同风格真正地运用到空间中时能呈现出怎样
的视觉效果，这也有助于我们更快地了解各
种风格，并将其运用到家居中，从而创造出
独具个人魅力的风格，对于室内设计风格的
延续与创新也有重大意义。

5.1 简单的快乐——极简主义

极简风格是目前使用频率较高的一种室内装饰风格，它所拥有的简单和时尚是都市群体所向往的，极简风格所营造的室内氛围同样也被公众所喜欢。

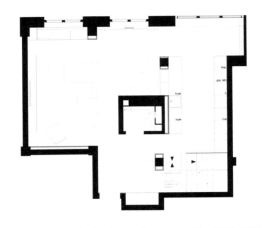

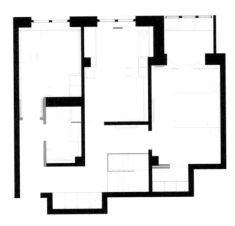

↑一楼平面布置图包括客厅、餐厅、玄关、卫生间以及厨房等区域，通过一楼平面布置图，我们可以确定客厅、餐厅等区域所需家具的尺寸大小以及家具间的陈设间距。平面布置图同时也是室内设计装饰必备的一份设计图样，它可以帮助设计师设计出更符合人体发展的家居环境。

↑二楼平面布置图明确了楼梯的所在，二楼空间同样具备了基本的生活区域，其中包括卧室、卫生间以及书房等区域，空间内分区十分明确，整体布局也十分简洁，很符合极简主义风格的特点。

原木色的隔墙与浅色的木地板在材料的质地上有了一个呼应，同时木材本身具有的花纹也使得木隔墙具备了背景墙功能。

沙发选用了棉麻材质制作，色彩以纯色为主，搭配黑、白色的抱枕，干净、明朗，而富有图案的抱枕也很好地提亮了空间。

黑白交替的地毯搭配浅色的木地板，简单又时尚，与白色家具相配，也会在视觉上给人一种简洁的感觉。

白墙是大部分极简主义风格家居的特色，白色属于中性色，有利于空间内其他色彩的搭配，白色也能给人一种简单感。

黑色灯罩、黑色支架搭配白色的内罩，整个灯具极具现代感和简约感，同时金属也能够给人带来一种冷静感。

墙面装饰画依旧以黑、白、灰为主色调，画面也都十分简单、明了，很符合极简主义风格简约的特性。

绿植可以缓解极简主义风格中所带有的冷淡感，可以很好地给人一种温馨感，同时绿植也能净化空气。

飘窗的储物柜以白色为主，与白墙在形式上有所呼应，飘窗上的卷帘可以遮挡阳光，也能为空间带来若隐若现的朦胧感。

室内大面积的运用白色，难免会带来冰冷感，地面浅色的木质地板和黑色圆圈的地毯很好地缓解了这种感觉。

三角形置物架造型简单，但却拥有不错的储物功能，给室内空间增添了浓郁的几何感，木置物架和浅色地板也相互呼应。

←极简主义风格的儿童房除了基本的白色外，还需有其他色彩来营造空间氛围，色彩和图案都十分丰富的地毯为室内增添了不少趣味感。

→由色彩各异的圆点组合而成的壁纸搭配活灵活现的熊猫艺术挂件，整个空间充满了童趣感，白墙的出现也很好地平衡了空间色彩。

←作为儿童房，自然是少不了游乐区域，无论是木质的红色算盘，还是浅木色的木质小车，色彩都十分简单，既能给儿童提供娱乐，同时又符合极简主义风格设计特色。

→儿童房内空间布局十分简单，包括休息区、学习区和游乐区。学习区色彩比较单一，能带来一种安静感；游乐区色彩斑斓，能够带来一种活泼感，二者搭配，也不会互相矛盾。

←学习区的书桌以白色为主，墙面贴有带圆点的壁纸，搭配小件绿植，清新感十足，同时黄色的学习椅也缓解了单一白色带来的单调感。

→游乐区同时还具有启示孩童，帮助其发展的功能，墙面背景选用了简单的黑色作为打底色，并用简单的白线和白点绘制出了一幅爱心图案，既是一种装饰，同时也可作为引导孩童智力发展的工具。

←卧室内同样以大面积的白色作为空间主色调，同时搭配浅色格纹家纺配件，床板的色彩和木地板的色彩一致，无形中又形成了一种搭配，墙面的绿植挂件和书桌上的小盆栽也形成了良好的呼应。

→墙面上的圆形挂钩，色彩很纯净，既能装点空间，同时也具备一定的功能。灰色的棉麻窗帘与空间的整体色调相协调，触感也十分好。

←厨房色彩比较简单，主要由黑色和白色组成，白色的橱柜可以给人一种很干净的感觉，这也是厨房所要营造的氛围。极简主义风格的厨房大多属于开放式，这也符合其明亮、开敞的空间特点。

→卫生间拥有大面积的白色，浴缸周边的瓷砖也是白色马赛克，为了不产生视觉疲劳感，墙面设置有黑色圆形挂钩，能够一定程度吸引眼球，缓解视觉尴尬。二者搭配，也不会互相矛盾。

←卫生间内的置物架选用了浅色的木质材料制作，置物架上还放置有绿色小盆栽，很好地提亮了空间色彩。

→卫生间内金属材质的水龙头和木质的搁架很好地丰富了空间形式，使空间既具备了极简特色，同时又不会令人感到单调。

5.2 和无聊说再见——工业风格

工业风格既简单又充满时尚感，多用于复式楼中，风格中各元素都十分有趣味，旨在营造一种轻松的室内氛围。

↑空间整体色调以黑、白、灰为主色调，同时还添加有黄色、绿色等来作为点缀色，墙面的黑白色麋鹿挂件以及黑底白字的谈话图案为空间增添了不少趣味感，地面绿色的地毯也很好地丰富了空间形式。

↓沙发旁的储物柜采用了原木材料制作，很有工业风格的特点，旁边还配有金属材质的储物篮，储物柜内所放置的物品色彩都比较淡，与木质储物柜的色彩能够很好地融合。储物柜上摆放的黑色台灯、玻璃装饰灯以及装饰花艺等都很好地装饰了空间。

↑床板的材质、色彩都与地界面的装饰材料一致，黑色的金属围栏与栏杆相呼应，床上家纺色彩比较简单，主要以白色、灰色为主，符合工业风格基本色调，床头柜上黑色台灯造型充满现代感和趣味感。

↑铁质栏杆和木质踏板组成了富有工业风格特色的楼梯，地面深色的原木地板和楼梯踏板在材质上有了一个呼应，同时金属带来一种稳定感，黑色的表面与白色的墙面和白色的帷幔搭配，十分协调。

↑白色隔墙装饰有黑色的英文，彼此间比例十分协调，隔墙也不仅仅只是刷了白漆，同时还具有造型，视觉美感和趣味性都很强。木质电视柜搭配金属柜脚，在材质上有了一个很好的融合，色彩彼此搭配。

↑形状一致，色彩各异的餐桌椅为空间增添了视觉美感，小鱼缸型的白色陶瓷盛放着白色的小花，搭配黑饰面的餐桌，色彩鲜明。餐厅内的垂挂型吊灯造型简单，色彩也与空间整体色调相协调。

↑面积较大的玻璃窗为室内带来了充足的光线，整个
室内也变得愈发敞亮，全金属的圆形茶几静静地伫立
在地毯上，安静而美好。

↑裸露的灯泡带来浓郁的工厂气息，金属网罩则给室
内营造了浓浓的现代感，搭配白墙和深色地板，别有
一番趣味。

→自由伸展的黑色枝丫，生根于透明
色的玻璃瓶中，搭配旁边白色的方
椅、黑色的装饰画以及大白的墙，空
间不再单调无味。

玻璃容器造型简单，
同时可有多种色彩，
能够丰富空间形式。

家居中的各类家具和
用具都应符合工业风
格简约的特色。

黑白色作为经典色，
运用于空间中，更能
体现设计风格特色。

5.3 蓝色狂想曲——地中海风格

地中海风格为家居带来浓郁的海洋气息,自然感十足,在茶余饭后,静静地躺在柔软的沙发上,看着远处的湖,欣赏着远处的景,实乃人生一大圆满。

蓝色的窗帘布搭配白色的窗帘头,典型的地中海蓝+白的搭配,海洋气息十足。

蓝+白搭配的布艺抱枕可以为室内带来浓浓的清新感和自由感。

室内高度适宜的盆栽搭配上香气迷人的装饰花艺,满满的自然感。

布艺沙发具有很好的触感,同时也具备真实感。蓝白相间的条纹既简单又富有韵味,沙发浑圆的曲线也为空间增添了不少浪漫感。

↑↓室内整体以蓝色和白色为主基调，客厅内的白色茶几、蓝白相间的沙发、石材电视柜，餐厅内的白色餐桌、白色餐桌椅、黑色的铁艺吊灯、木质的顶棚、白色的储物柜，走道间蓝色的瓷砖，楼梯上蓝色和白色搭配的装饰材料等，这些空间内的各元素都符合地中海风格的要求，各元素间彼此搭配十分协调，空间也格外敞亮，空间极具开阔感和视觉美感。

→卧室门洞拥有浑圆的曲线，浪漫感十足，室内以大面积的白色为主，搭配蓝色的房门以及造型美观的艺术吊灯，设计感扑面而来。

←浅色的木地板，蓝白搭配的窗帘，以及其他带有蓝色的家纺，空间中萦绕着静谧又美好的气氛，与地中海风格所要营造的卧室氛围不期而遇。

→卧室内各种装饰品都极具地中海特色，整个空间内自由感和清新感非常浓郁，色彩总体也比较柔和。

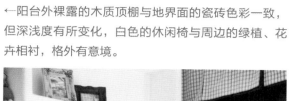
←阳台外裸露的木质顶棚与地界面的瓷砖色彩一致，但深浅度有所变化，白色的休闲椅与周边的绿植、花卉相衬，格外有意境。

→各具特色的装饰画以及样式各异的艺术摆件，置于白色和蓝色的柜板之上，板面流光溢彩，亮丽的光泽使得整个空间更具有观赏性。

←书桌和学习椅依旧延续了地中海风格的特色，以蓝色和白色相搭配，书桌旁还设计有装饰拱形储物空间，也能很好地点亮空间。

→楼梯上蓝色的木质踏板与围栏上的X形装饰物相互呼应，楼梯踏板侧边选用了少量花砖，使得空间内容更丰富。

←地界面选用的装饰材料色彩比较柔和，因此楼梯处同样选择了蓝白相配的色彩，如此一来使得整个空间的色彩都比较均衡。

→拱形的白色门洞从视觉上有一种伸展性，同时也起到引导人往前行的作用。拱形门洞整体以白色为主，在其底部则为蓝色，彼此相配合，十分养眼。

←厨房的蓝色窗户以及蓝色的橱柜门搭配着白色的瓷砖，白色的台面，整个空间氛围十分轻松，墙面还铺贴有特色的花砖，十分美观。

→卫生间的台盆由蓝色的马赛克拼贴组成，拱形的镜子两边也铺贴有蓝白搭配的小瓷砖条，空间充满设计美感。

←拱形图案和拱形造型的合理运用使得整个空间颇具地中海风格的特色，白色和蓝色相搭配，白墙和绿植也互相映衬。

5.4 全新的尝试——新中式风格

　　新中式风格是对传统中式风格的一个全新的思考，设计保留了中式优秀的元素，同时运用新的元素与时代接轨，力求营造一个既有古风韵味，又兼具现代气息的温馨家居。

↑↓空间整体色彩比较平稳，绿植可以带来自然感，而装饰画也带有浓烈的中国特色，灯具造型简单，亮度比较柔和，符合新中式风格人性化设计的特点。沙发靠垫也十分柔软，充满舒适感，抱枕采用棉麻材料制作，手感也很好，众多元素有趣地结合在一起，十分有中国特色。

↑↓电视背景墙采用了木质材料制作，上刷有黑漆，因此色调比较深，顶部的射灯和垂落而下的吊灯为背景墙带来柔和而温暖的灯光，有效地缓解了视觉压力。圆形的浅色木质装饰支撑架也独具特色，与深色的背景墙形成鲜明的对比。餐厅家具有严谨的线条，采用木质材料作为椅身，柔软的棉麻作为椅面，坚硬感与柔和感完美结合，裸露的石材也成就了别具特色的洗手台。

↑↓餐厅的艺术吊灯具备浓郁的现代感，餐桌采用现代的收缩和干燥工艺制作而成，造型简单同时也具有丰富的设计感。卧室两旁的床头柜与地板色彩一致，方形灯具造型简单，光线也比较柔和，十分适合营造一个安静的空间，飘窗上铺设有纯白色的软垫，搭配灰色系的棉麻窗帘，使得整个卧室亮度有所提升，床头背景墙则由带有中国特色的风景画和字画组成，书香气息十足。

木质床头柜造型简单，多以直线条为主，设计十分符合新中式风格的特色。

学习椅形似明清时期的圈椅，但却较之更简单，整体均由木质材料制作而成。

书柜隔层非常多，很有中国古代书局的韵味，整个空间色彩也都比较统一。

楼梯扶手采用木质材料制作而成，同时运用了玻璃作为楼梯挡板，为整体空间增添了不少的现代感。

书房灯具的灯罩色彩比较淡，与空间内的窗帘、深色家具等形成对比。

第1章　风格的延续与创新

第2章　地域与风格的碰撞

第3章　设计与自然相融

第4章　新与旧的交锋

第5章　风格与生活的结合

↑↓二楼整体色彩偏灰色系，同时也充分利用了自然光线来提亮空间，空间内自带的方柱则用深色的木质材料包围，使其具备了一定的装饰作用。茶室家具的色彩与方柱的色彩一致，同时茶桌上的绿植也为空间增添了不少清新感，轻柔的白色纱帘与木质矮几相衬，别有一番韵味。

茶几多以直线为主，很符合中国建筑四平八稳的特色。

座椅仅拥有简单的造型，但却同时具备有设计感和舒适感。

床上用品均采用棉麻材料制作，触感很好，同时也具有真实感。

富有中国特色的木质推拉门，一方面用料天然，一方面色彩也比较稳重。

第1章 风格的延续与创新

第2章 地域与风格的碰撞

第3章 设计与自然相融

第4章 新与旧的交锋

第5章 风格与生活的结合

←家具造型都比较简单，并采用木质材料和柔软的布艺组合而成，既有现代感又有古朴质感。

↓卧室内床体选用了传统中式的造型，但在此基础上有所删减，床幔的材质与床上家纺的材质一致，床头深色的墙面与浅色的木地板在色彩上也有对比，整个空间色彩比较匀称，很有中式美感。

↑原始的斑驳墙面给空间带来质朴感，木质且带有纹理的座椅带来浓浓的天然感，绿植以及金属围栏则给空间带来现代感，各种元素和谐地存在于同一空间，十分奇妙。

→卫生间的浴具同样也具备现代感与古朴感，木质储物柜搭配白色亚克力洗面盆，十分有趣。

←圆形的镜面造型为空间增添了设计感，绿植为空间增添了自然感，同时也能很好地清新空气。

↓楼梯下的金属椭圆形摆件有着铮亮的光泽，现代感十足，在其中插入小花或者树木枝丫，定能营造另一种装饰美。

↑由草藤编织而成的蒲团十分柔软，具有很强的舒展性，同时灯具造型和桌面色彩也都很有中式特色。

→水墨山水画，典型的中国元素，运用到家居中，书香气息十足，同时它也具有很强的欣赏价值。

参考文献

[1] 斯蒂芬·科罗维. 世界建筑细部风格设计百科[M]. 沈阳：辽宁科学技术出版社，2017.

[2] 汉娜·詹金斯. 现代风格住宅[M]. 桂林：广西师范大学出版社，2017.

[3] 萨贝塔·娜赫斯兰. 今日家居：风格篇[M]. 桂林：广西师范大学出版社，2015.

[4] 文健. 建筑与室内设计的风格与流派[M]. 北京：北京交通大学出版社，2007.

[5] 深圳市博远空间文化发展有限公司. 中式风格大观II[M]. 南京：江苏科学技术出版社，2014.

[6] 凤凰空间华南编辑部. 软装设计风格速查[M]. 南京：江苏人民出版社，2013.

[7] 数码创意. 小户型装修风格定位[M]. 北京：机械工业出版社，2015.

[8] 魏祥奇. 室内设计风格详解——中式[M]. 南京：江苏科学技术出版社，2016.

[9] 高迪国际出版有限公司. 港台风格家居[M]. 南京：江苏人民出版社，2011.

[10] 叶斌，叶猛. 现代简约风格[M]. 福州：福建科技出版社，2014.

[11] 刘啸. 好想住北欧风的家[M]. 南京：江苏科学技术出版社，2018.

[12] 黄滢，马勇. 台湾100%名师筑名宅[M]. 南京：江苏科学技术出版社，2014.

[13] 麦浩斯编辑部. 100位设计师人气风格住宅[M]. 福州：福建科技出版社，2011.

[14] 李江军. 简约风格家居设计与软装搭配[M]. 北京：中国电力出版社，2017.

[15] 家居主张编辑部. 中国风格Ⅲ[M]. 上海：上海辞书出版社，2012.

[16] 黄滢. 浓浓亚洲风：东方古韵的传承与演绎[M]. 南京：江苏科学技术出版社，2014.